本教材受国家社科基金重大项目"中国古代典籍跨语言知识库构建及应用研究"（项目编号：21&ZD331）资助

数字人文教程丛书
主编 王东波 副主编 李斌

数字人文教程
Python自然语言处理

主　编　王东波

副主编　刘　浏　沈　思　马学良　李　斌　冯敏萱

微信扫码
数字人文教程
配套资源

南京大学出版社

图书在版编目(CIP)数据

数字人文教程：Python 自然语言处理 / 王东波主编.
— 南京：南京大学出版社，2022.11
(数字人文教程丛书/王东波 主编)
ISBN 978-7-305-26213-5

Ⅰ.①数… Ⅱ.①王… Ⅲ.①软件工具－程序设计－
教材②自然语言处理－教材 Ⅳ.①TP311.561②TP391

中国版本图书馆 CIP 数据核字(2022)第 190421 号

出版发行	南京大学出版社
社　　址	南京市汉口路 22 号　　邮　编　210093
出 版 人	金鑫荣

丛 书 名	数字人文教程丛书
主　　编	王东波
书　　名	**数字人文教程:Python 自然语言处理**
主　　编	王东波
责任编辑	张淑文　　　　　编辑热线　(025)83592401
照　　排	南京南琳图文制作有限公司
印　　刷	南京鸿图印务有限公司
开　　本	787 mm×1092 mm　1/16 开　印张 12　字数 270 千
版　　次	2022 年 11 月第 1 版　2022 年 11 月第 1 次印刷
ISBN 978-7-305-26213-5
定　　价	40.00 元

网址：http://www.njupco.com
官方微博：http://weibo.com/njupco
官方微信号：njupress
销售咨询热线：(025) 83594756

* 版权所有，侵权必究

* 凡购买南大版图书，如有印装质量问题，请与所购
　图书销售部门联系调换

前　言

文本数据作为非结构化数据的重要构成部分,是数字人文研究的关键对象之一。对文本数据进行深度组织、挖掘和分析所依赖的主要技术是自然语言处理。在一定程度上,自然语言处理在数字人文中融入的深度和广度决定了整个数字人文的技术水平,而潜在的技术门槛却在无形中制约了研究者们更深入地开展数字人文研究。为广大的数字人文研究者和爱好者推介简单易上手的自然语言处理技术手段,是本教程的一大初衷。文本由词、短语、句子、段落和篇章等层次构成,这些文本的层次与数字人文研究对象密切关联。鉴于此,从具体数字人文实战的角度出发,本教程针对不同的文本构成对象撰写了各章节,具体特点如下。

首先,自然语言处理知识点的简单融入。自然语言处理的整个体系和所涉及的技术非常庞大和复杂,本教程尽可能简明扼要地介绍有关自然语言处理的基础知识点,以便数字人文初学者快速掌握文本组织、挖掘和分析的相应知识,比如关于"词汇"内涵与外延的界定、实体的整体特点、机器翻译的技术演变等。

其次,真实案例基础上的操作便捷性。真实案例在整个教程中占据了较大的分量,之所以具体而细致地给出相应的真实案例是因为实战性是本教程的最突出特点。本教程编写的初衷是能够让学习者通过真实案例的操作,一方面消除对数字人文下文本组织、挖掘和分析的技术"畏难心理",另一方面有益于学习者把真实案例操作过程中的技术和经验迁移到新的数据任务上。

最后,体系化的自然语言处理任务呈现。以数字人文研究和教学为主要切入点,面向古籍文本和非物质文化遗产文本,本教程把汉字的统计和识别、自动分词、自动词性标记、实体识别、预训练模型、知识图谱构建和机器翻译等自然语言处理的基础和应用研究任务进行了相对系统化的呈现。

本教程的内容已经在编写组所在的南京农业大学、南京师范大学、南京理工大学和南京大学等机构面向本科生和研究生进行了多次讲授，因此目前所呈现出来的内容是经过多年师生教学相长所积累和沉淀下来的一个教学成果。在此，教程编写组对刘睿伦、刘江峰、刘畅、林立涛、刘欢、胡昊天、杨帆、商锦铃、伊凡、何宏旭、冯钰童、高瑞卿、吴梦成、高正、王宗昊、丁可、叶文豪、袁悦、秦贺然、梁继文、范文洁、周好、宋天睿、陈昱成、汪磊、李沁宇、孙豪、叶媛、许超和孟凯等老师和同学在教程内容的编写、校对、代码的提供和学习反馈上所做的贡献表示衷心的感谢，没有你们的积极参与就没有本教程的出版。本教程更多的是强调数字人文的实战，定会存在很多不足之处，在此请学习者和研究者多多批评、指正和包涵。

本教程每一章所有案例的数据、模型和源代码均在 GitHub 上进行了公开，学习者用微信扫教程配套资源二维码就可以获取到相应的内容。

微信扫码
数字人文教程
配套资源

目 录

第一章 数字人文下的汉字处理 ……………………………………… 1
1.1 汉字基本知识 …………………………………………………… 1
（1）字汇 …………………………………………………………… 1
（2）字形（Glyph）………………………………………………… 2
（3）字型（Font）…………………………………………………… 2
（4）字体（Typeface）……………………………………………… 3
1.2 汉字编码 ………………………………………………………… 3
（1）ASCII ………………………………………………………… 3
（2）GB2312-80 …………………………………………………… 3
（3）Big5 …………………………………………………………… 4
（4）GBK …………………………………………………………… 4
（5）Unicode ……………………………………………………… 4
1.3 汉字处理程序 …………………………………………………… 4
（1）繁体和简体相互转换 ………………………………………… 4
（2）文本仅保留中英文、数字和符号 …………………………… 6
（3）文本仅保留汉字 ……………………………………………… 7
（4）字频统计 ……………………………………………………… 7
1.4 篆体字自动识别 ………………………………………………… 10
（1）数字人文与文字识别技术 …………………………………… 10
（2）篆体字简介 …………………………………………………… 10
（3）TrueType 字体转图片 ………………………………………… 10
（4）VGG-16 分类模型 …………………………………………… 14
（5）篆体字自动识别 ……………………………………………… 16
课后习题 ……………………………………………………………… 20

第二章 数字人文下的汉语分词 ……………………………………… 21
2.1 汉语分词基本知识 ……………………………………………… 21
（1）分词规范 ……………………………………………………… 22

（2）分词单位 ··· 22
　　（3）未登录词 ··· 22
　　（4）分词歧义 ··· 22
　　（5）分词一致性 ··· 23
2.2 自动分词在数字人文研究中的应用背景 ·························· 23
2.3 非物质文化遗产文本自动分词系统 ······························ 25
　　（1）非物质文化遗产简介 ······································· 25
　　（2）程序简介 ··· 26
　　（3）系统使用说明 ··· 26
　　（4）数据处理模块 ··· 30
　　（5）自动分词模块 ··· 32
　　（6）数据分析模块 ··· 34
　　（7）自动分词模型构建 ··· 39
课后习题 ·· 45

第三章　数字人文下的词性自动标注 ································ 46

3.1 词性自动标注的基本知识 ······································· 46
　　（1）词性标注 ··· 46
　　（2）词例、词型和词条 ··· 47
　　（3）词类体系 ··· 47
　　（4）词性标记集 ·· 47
　　（5）兼类词 ··· 48
　　（6）未登录词 ··· 48
3.2 词性自动标注在数字人文领域的应用 ···························· 48
　　（1）作为高质量语料库的构成要素 ······························ 48
　　（2）助力汉语言分词与命名实体识别 ···························· 49
　　（3）为语体风格计算提供支撑 ··································· 49
　　（4）辅助文本的结构化组织与利用 ······························ 49
3.3 古文词性自动标注的方法 ······································· 50
　　（1）基于传统机器学习的词性标注方法 ························· 50
　　（2）基于深度学习的词性自动标注方法 ························· 54
　　（3）古汉语典籍词性自动标注系统 ······························ 70
　　（4）基于古汉语典籍词性自动标注的数字人文研究 ············ 72
课后习题 ·· 74

第四章　数字人文下的实体识别 ·· 75

4.1　命名实体识别概念与基本原理 ·· 75
（1）命名实体 ··· 75
（2）命名实体识别 ·· 76
（3）序列化标注 ··· 76
（4）特征 ··· 76

4.2　命名实体识别在数字人文中的应用 ····································· 77

4.3　古文实体识别流程 ·· 78
（1）数据的预处理 ·· 78
（2）基于BERT的典籍古文实体识别程序 ································ 86

课后习题 ··· 90

第五章　数字人文下的模型预训练 ·· 91

5.1　预训练技术的基本知识 ··· 91
（1）预训练简介 ··· 91
（2）预训练的适用范围 ··· 92
（3）预训练工具简介 ··· 92

5.2　预训练方法与评价指标 ··· 92
（1）语言模型预训练方法 ·· 92
（2）n-gram模型的计算方式 ·· 93
（3）神经网络语言模型的训练方法 ······································· 94
（4）BERT模型的预训练 ··· 94
（5）语言模型的评价指标 ·· 95

5.3　预训练技术在数字人文中的应用背景 ·································· 95
（1）基于外部词向量嵌入的古文处理 ···································· 95
（2）基于已有预训练模型微调的古文处理 ······························ 96
（3）基于语言模型预训练的古文处理 ···································· 96

5.4　模型预训练程序 ··· 97
（1）环境配置 ··· 98
（2）模型预训练程序内容 ·· 99
（3）关于预训练模型训练和使用的几个注意事项 ···················· 113

课后习题 ··· 114

第六章　数字人文下的知识图谱构建及应用 115
6.1　知识图谱构建的基本知识 115
（1）知识图谱 115
（2）语义网 116
（3）本体 116
（4）关联数据 116
（5）知识表示与表示学习 116
（6）知识问答与知识推理 117
6.2　数字人文视角下的知识图谱及应用 117
6.3　基于领域知识图谱的自动问答研究 118
（1）工作流程设计 118
（2）总体架构设计 119
（3）问答系统实现 120
课后习题 140

第七章　数字人文下的文本分类 141
7.1　文本分类基本知识 141
（1）文本分类 141
（2）分类和聚类 142
（3）二分类和多分类 142
（4）空间向量模型 142
（5）特征与降维 142
（6）TF-IDF 142
（7）文本分类器 143
7.2　文本分类在数字人文研究中的应用 143
（1）提取文献中具有特定价值的文本 143
（2）为已有文本构建自动分类体系 144
（3）分析特定文本的情感、意境等信息 144
7.3　非物质文化遗产的文本分类 145
（1）文本预处理 145
（2）划分训练集和测试集 146
（3）特征提取 146
（4）构造分类器 147
（5）模型评估 149

课后习题 149

第八章　数字人文下的文本聚类 150

8.1　文本聚类基本知识 150

　　（1）文本聚类 150

　　（2）特征提取 151

　　（3）K-means 151

8.2　非物质文化遗产的自动聚类 151

　　（1）语料准备 151

　　（2）数据预处理 151

　　（3）文本表示 152

　　（4）K-means 聚类 154

　　课后习题 155

第九章　数字人文下的机器翻译 156

9.1　机器翻译的基本知识 156

　　（1）机器翻译 156

　　（2）平行语料库 156

　　（3）基于规则的机器翻译 157

　　（4）统计机器翻译 157

　　（5）神经机器翻译 157

　　（6）OpenNMT 模型 157

　　（7）迁移学习与机器翻译 157

　　（8）BLEU 值 158

9.2　机器翻译在数字人文研究中的应用 158

9.3　典籍的古英和古白机器翻译实现 159

　　（1）典籍的古英机器翻译实现 159

　　（2）典籍的古白机器翻译实现 169

　　课后习题 176

参考文献 177

第一章 数字人文下的汉字处理

当下火热的数字人文在早期也被称为人文计算,这一始于词汇索引构建及词汇计量的人文与计算机交叉领域,始终以文本语言为主要研究对象,一时也以计算语言学、文学和语言计算等著称于世,并与人工智能中的自然语言处理技术密切关联。数字人文研究关注的文本语言,既可深入各层次的语言单位,如语素、词、短语、句子,也可扩展至段落、篇章乃至典籍等。面向汉语文本的数字人文研究,从汉字出发较为自然也较为合适。从文本的构成单位上看,汉字是最小的语言单位,也是语义探索的起点。更重要的是,中华文明以汉字为纽带得以发源、延续和传承,我们通过仓颉造字的传说和书同文的典故追溯文明的历史和起源,我们通过《说文解字》和"六书"了解和学习传统文化,我们通过汉字激光照排技术进入信息时代,汉字是我们得以从现代数字人文视角对中华传统思想和文化进行新解读的前提。因而我们选择汉字处理作为数字人文教程的开始。

从实战和操作的层面考虑,本章主要讲解汉字编码、汉字统计和图视角下的汉字自动识别应用三个方面的内容。具体来说,本章首先对汉字的字汇、字形、字型、字体等基本知识进行简单的阐释,之后对目前所使用的 ACSII、GB2312、GBK、Big5 等汉字编码进行介绍,进而引出汉字的处理程序,如繁体-简体转换工具等。同时本章以小篆的自动识别程序构建为例进行讲解,通过 TrueType 字体获取小篆字形的图片从而获得图片集,再使用 VGG-16 卷积神经网络模型构造分类器,从而实现篆体字的自动识别。

- 知识要点

字汇、字形、字型、字体、ASCII、GB2312-80、GBK、Big5、汉字统计、印章、深度学习

- 应用系统

基于深度学习的篆体字自动识别

1.1 汉字基本知识

(1) 字汇

指用汉字编码字符集或者类别指定的汉字集合。字汇本身不涉及编码的概念,仅仅是字符的集合。繁体字、简化字、传承字、异体字等涵盖了汉字字汇的整体内容。

简化字:也称为简体字,是中华人民共和国的标准字汇。简化字源于汉字简化现

象,汉字简化从甲骨文、金文就已开始,从隶变到楷书、行书、草书等字体,再到宋元以后小说刻本、抄本中的俗体字、异体字,都可看作汉字简化的现象。经过《汉字简化方案》(1956年)、《简化字总表》(1964年公布,1986年修订)和《通用规范汉字表》(2013年)的多次调整,现有规范简化字2546个。

繁体字:也称为繁体中文、传统中文。繁体字与简化字对应,可以认为是被简化字所代替的汉字。

传承字:指未被简化的汉字,因此也不存在繁简对应。目前使用的规范汉字(即正体字)主要包括简化字和传承字。GB2312-80中有4000多个传承字,《通用规范汉字表》则包含5559个传承字。

异体字[①]:从对应角度上说,异体字是与正体字相对应的。所谓异体字是音义和使用功能相同而字形不同于正体字的汉字。《通用规范汉字表》中整理收录了794组共计1023个异体字。异体字在古文信息处理及相关数字人文研究中非常重要。

(2) 字形(Glyph)

汉字的外形呈现就是字形,包含了笔画数目、笔画形状、结构方式和笔顺。GB/T 16964.1-1997也将其定义为"一个可以辨认的抽象的图形符号,它不依赖于任何特定的设计"。同一个汉字在不同字体风格下可以有不同的字形,如"戶、户、户"是同一个汉字的三种字形,其意义和用法相同。唐代正字学中字样的概念与字形基本相同。

厘清字形概念后才能制定字形规范和标准,也就是正字。从秦始皇"书同文"到唐代正字学兴盛,文字的统一立足于规范的字形,这也是中华文明社会发展和文化传承的重要纽带。中华人民共和国成立以后,文化部和中国文字改革委员会于1965年发布了《印刷通用汉字字形表》,它提供了现代通用汉字字体(即宋体)的字形规范,是印刷铅字字形的统一标准。后续相关部门颁布了《现代汉语通用字表》和《通用规范汉字表》。现行的《通用规范汉字表》由教育部、国家语言文字工作委员会组织制定,是基于《第一批异体字整理表》《简化字总表》《现代汉语常用字表》和《现代汉语通用字表》等字表制定的。该表收录三级共8105个汉字,字形依据《印刷通用汉字字形表》确定,即宋体标准字形。

(3) 字型(Font)

字型的概念源于现代铅字印刷术,是一整套具有同样样式、尺寸的字形,也就是一整套可用于印刷的铅字,有具体的大小、粗细等。计算机时代沿用了这一表述,概念也较为相似,GB/T 16964.1-1997将其定义为"具有同一的基本设计的字形图像集合"。字型按造型方法可分为三类:

---

① 《通用规范汉字表》[EB/OL]. (2022-8-1). http://www.gov.cn/zwgk/2013-08/19/content_2469793.htm.

点阵字型:用大小为 M * N 的像素阵列表示每个汉字,这类字型占用空间大,缩放质量难以保证。

矢量字型:用一组折线表示字符造型,占用空间小,但放大字号时不够美观。

轮廓字型:用一组直线或曲线表示字符内外轮廓,字型质量高,占用空间小,可无级缩放,目前主流操作系统(如 Windows 和 Mac)支持的 TrueTypeFont(TTF)字库使用的就是轮廓字型。

(4) 字体(Typeface)

具有同一风格的字形,常见的有宋体、仿宋、楷体、黑体、隶书、行书等。矢量和轮廓字型的出现,使得字型和字体的概念边界变得模糊,信息技术中两者逐渐混用。现代汉语中"字体"一词更为常见,英语中则更多使用 Font 一词。

1.2 汉字编码

理解和辨析信息技术中字节和字符的概念,是理解汉字编码的基础。字节是计算机上信息存取的基本单位,一个字节是 8 个二进制位,可表示 $2^8=256$ 种状态。字符是文字单位,一个字符可以是一个字节,如 ASCII 字符,也可以由多个字节表示,如汉字。将一批字符统一编码,就是制定一套字符和数字编码一一对应的规范,也就形成了一套编码字符集。

(1) ASCII

在计算机系统中,由美国的标准信息交换码体系所规定的西文字符编码,被称为 ASCII 码(American Standard Code for Information Interchange)。在 ASCII 码的所有 7 位版中共包含了 128 个字符($2^7=128$),具体包含 52 个大小写英文字母、10 个阿拉伯数字、32 个运算符和标点符号与 34 个控制码。ASCII 码也有 8 位的扩展版本,收集了西方文字中的一些特殊字母和符号。

(2) GB2312-80

GB2312-80 是早期使用的汉字编码字符集。每个字符由两个字节表示,两个字节的码位都是 161~254,编码空间为 94×94=8836。GB2312-80 的第一个汉字为"啊",其编码为:176,161。GB2312-80 共包含 6763 个通用汉字,加其他字符共 7445 个。GB2312-80 按字形编码,多音字一码,同音字多码。GB2312-80 兼用 ASCII 码,因此存在跟 ASCII 字符共同处理的问题:如果传输过程中丢失 GB 字符的某个字节,就会发生错码。

通过控制首字节,GB2312-80 对编码区间进行了如下划分:

第 1 区(首字节 161):标点和符号。

第 2 区(首字节 162):特殊数字。

第 3 区(首字节 163):阿拉伯数字和拉丁字母。

第 4~5 区(首字节 164、165):平假名和片假名。

第 6 区(首字节 166):希腊字母。

第 7 区(首字节 167):斯拉夫字母。

第 8 区(首字节 168):带调元音和注音字母。

第 9 区(首字节 169):制表符。

每区最多 94 个字符,汉字在第 10~87 区。

(3) Big5

Big5 通常也称为"繁体中文"编码集,是中国台湾地区和港澳地区的常用编码集,分为常用字和次常用字,分别按照笔画数和部首来排序。编码空间为:第一字节 161~254,第二字节 64~126,161~254,共有 14758 个码位。同样是 94 个区,但每个区有 94+63 位。

(4) GBK

GBK(GB13000)是目前最常见的汉字编码字符集。其编码空间为:第一字节为 129~254,第二字节为 64~254(缺 127),共有 23940 个码位,其中汉字 20907 个。GBK 兼容 GB2312-80 的所有汉字(6763 个汉字的代码有简单的对应关系),而且在字一级支持 CJK,涵盖 Big5(但代码不一致)。

(5) Unicode

国际标准化组织制定的编码字符集,基本可以容纳所有文字符号。

Unicode 具体实现的编码方案有:UTF(Unicode Transformation Format)8、16、32。

UTF8 最常用,是变长字符编码,由 1~4 字节表示。UTF8 的首字节兼容 ASCII 码,汉字一般由 3~4 个字节编码。UTF16 次常用,是等长字符编码,由 2 或 4 字节表示。UTF32 直接由 4 个字节编码,目前还没有真正普及。

1.3 汉字处理程序

(1) 繁体和简体相互转换

繁体和简体相互转换(简称为简繁转换或繁简转换)是面向古籍的数字人文研究中最常用的汉字处理技术。小规模的简繁转换可以使用一些软件工具快速实现,如 Word 中包含的简繁转换功能以及一些在线转换工具;大规模的简繁转换可以通过程序设计语言如 Python 来实现,这也是古文信息处理在文本预处理阶段的常规操作。本节将介绍一些在线转换工具,并举例介绍两种简繁转换的程序设计方法。

① **在线转换工具**

互联网上存在多种汉字简体与繁体在线相互转换的工具,此处给出部分网站及链接。

- 汉字简体繁体转换:http://xh.5156edu.com/jtof.html
- 汉字简体繁体转换-汉语言文学网:https://jianfan.hwxnet.com/
- 在线繁体字转换:http://cn.hao123.com/haoserver/jianfanzh.htm
- 在线繁体字转换工具:https://www.aies.cn/
- 在线简繁体字转换工具_蛙蛙在线工具:https://www.iamwawa.cn/jianfanti.html
- 中文简体繁体转换工具:https://www.kjson.com/office/zhcn_zhtw/
- 中文简繁体转换-在线工具:https://tool.lu/zhconvert/

② **基于程序设计的转换方法**

请确保您的电脑安装了 Python,并在环境变量中正确配置了 Python 的 Scripts 文件夹路径。我们将以"欽定四庫全書/钦定四库全书"为例说明繁简转换的具体方法。

方法一

打开 windows 命令提示符,输入:

```
pip install pylangtools
```

等待该第三方模块安装完毕。

a) 繁体转简体

新建 Python 脚本文件,输入以下代码:

```python
from pylangtools.langconv import Converter
text_t = '欽定四庫全書'
text_s = Converter('zh-hans').convert(text_t)
print('转换后的简体字为:{}'.format(text_s))
```

其中,text_t 为待转换繁体文本。保存并运行程序后,输出结果如下:

转换后的简体字为:钦定四库全书

b) 简体转繁体

新建 Python 脚本文件,输入以下代码:

```python
from pylangtools.langconv import Converter
text_s = '钦定四库全书'
text_t = Converter('zh-hant').convert(text_s)
print('转换后的繁体字为:{}'.format(text_t))
```

其中，text_s 为待转换简体文本。保存并运行程序后，输出结果如下：

转换后的繁体字为：欽定四庫全書

方法二
打开 windows 命令提示符，输入：

```
pip install zhconv
```

等待该第三方模块安装完毕。

a）繁体转简体
新建 Python 脚本文件，输入以下代码：

```
import zhconv
text_t = '欽定四庫全書'
text_s = zhconv.convert(text_t, 'zh-hans')
print('转换后的简体字为：{}'.format(text_s))
```

其中，text_t 为待转换繁体文本。保存并运行程序后，输出结果如下：

转换后的简体字为：钦定四库全书

b）简体转繁体
新建 Python 脚本文件，输入以下代码：

```
import zhconv
text_s = '钦定四库全书'
text_t = zhconv.convert(text_s, 'zh-hant')
print('转换后的繁体字为：{}'.format(text_t))
```

其中，text_s 为待转换简体文本。保存并运行程序后，输出结果如下：

转换后的繁体字为：欽定四庫全書

（2）文本仅保留中英文、数字和符号

新建 Python 脚本文件，输入以下代码。可以使用该函数进行初步的文本数据的清洗。

```
import re
def clear_character(sentence):
    #只保留中英文、数字和符号
```

```
    pattern = re. compile("[^\u4e00-\u9fa5^,^.^!^a-z^A-Z^0-9]")
    #若只保留中英文和数字,则替换为[^\u4e00-\u9fa5^a-z^A-Z^0-9]
    line = re. sub(pattern,'',sentence)   #把文本中匹配字符替换成空字符
    new_sentence = ''. join(line. split())   #去除空白
    return new_sentence
```

其中,参数 sentence 为需要进行转换的句子。函数返回:仅保留中英文、数字和符号的文本。

(3) 文本仅保留汉字

在处理文本时,我们通常都是仅针对文字,而符号、数字等都是没有意义的。因而可以仅保留汉字,而去除其他的语言和符号。

```
import re
defclear_character(sentence):
    #只保留中文([\u4e00-\u9fa5]表示匹配汉字,[^\u4e00-\u9fa5]表示匹配汉字以外的所有字符。)
    pattern = re. compile("[^\u4e00-\u9fa5]")
    line = re. sub(pattern,'',sentence)   #把文本中匹配字符替换成空字符
    new_sentence = ''. join(line. split())   #去除空白
    return new_sentence
```

函数的参数与返回值同上。

(4) 字频统计

字频统计是数字人文研究最常用的研究方法,在实践过程中,面对大规模简体与繁体文本数据,必须借助计算机自动处理技术才能够准确高效地实现字频统计。

① 一元字频统计

一元字频统计是对指定文本或语料库中出现的单个汉字进行频次统计。

为了便于演示,此处选择《诗经》中的《关雎》作为任务文本,内容如下:

> 关关雎鸠,在河之洲。窈窕淑女,君子好逑。
> 参差荇菜,左右流之。窈窕淑女,寤寐求之。
> 求之不得,寤寐思服。悠哉悠哉,辗转反侧。
> 参差荇菜,左右采之。窈窕淑女,琴瑟友之。
> 参差荇菜,左右芼之。窈窕淑女,钟鼓乐之。

读者可以将上述文本复制存入 txt 文本文件中,并命名为 data_ch2. txt。

在 data_ch2.txt 所在目录下新建 Python 脚本文件,输入以下代码:

```python
import collections

# 从 data_ch2.txt 中读取文本
with open(r'data_ch2.txt', 'r', encoding='utf-8') as f:
    lines = f.readlines()

# 数据清洗,删去标点符号
text = ''
for line in lines:
    text += line.replace(',', '').replace('。', '').strip()

# 统计一元字频,按频次降序排列
uchar_freq = dict(collections.Counter(text))
results = sorted(uchar_freq.items(), key=lambda x: x[1], reverse=True)
for index, (char, freq) in enumerate(results):
    print('\t'.join([str(index+1), char, str(freq)]))
```

保存并运行程序即可输出《关雎》全部字的一元字频,此处仅列出按照频次大小降序排列(并列)前 11 的汉字与对应的出现频次,见表 1-1。

表 1-1 《关雎》字频排列(并列)前 11 的汉字

排序	字符	频次
1	之	8
2	窈	4
3	窕	4
4	淑	4
5	女	4
6	参	3
7	差	3
8	荇	3
9	菜	3
10	左	3
11	右	3

② 多元字频统计

多元字频统计是对指定文本或语料库中出现的连续多个汉字进行频次统计。例如,连续出现的两个汉字被称为二元字,连续出现的三个汉字被称为三元字。

同样以上一小节的《关雎》作为演示文本,新建 Python 脚本文件,输入以下代码:

```
import collections

# 从 data_ch2.txt 中读取文本
with open(r'data_ch2.txt', 'r', encoding = 'utf-8') as f:
    lines = f.readlines()

# 数据清洗,删去标点符号
text = ''
for line in lines:
    text += line.replace(',', '').replace('。', '').strip()

# 统计 N 元字频,按频次降序排列
N = 2    # N 为多元字频的元数
nchar_list = []
for i in range(len(text)-N+1):
    nchar_list.append(text[i:i+N])
nchar_freq = dict(collections.Counter(nchar_list))
results = sorted(nchar_freq.items(), key = lambda x: x[1], reverse = True)
for index, (char, freq) in enumerate(results):
    print('\t'.join([str(index+1), char, str(freq)]))
```

代码中,N 的值即为多元字频的元数,此处设置 N 的值为2,即统计二元字频。保存并运行程序,即可输出《关雎》中全部二元字与对应频次。下表 1-2 仅给出频次大于 1 的二元字与对应的出现频次。

表 1-2 《关雎》频次排列(并列)前 12 的二元字

排序	二元字	频次
1	窈窕	4
2	窕淑	4
3	淑女	4
4	参差	3
5	差荇	3
6	荇菜	3
7	菜左	3
8	左右	3
9	之窈	3
10	寤寐	2
11	求之	2
12	悠哉	2

1.4 篆体字自动识别

(1) 数字人文与文字识别技术

传统的纸本文献具有较高的价值且数量极大,人们需要对其进行数字化,并进行存储、处理和分析。然而若简单将纸本文献以图片的形式存储,则难以对其内容进行分析。目前学术界和业界聚焦于 OCR(Optical Character Recognition,光学符号识别)技术,利用该技术将传统的纸本文献资料转变为计算机可以识别和存储的文字型数据,从而便于进行分析和处理。

数字人文领域也有诸多国内外的学者从事相关工作。在国内,部分学者聚焦于古文本领域,通过深度学习技术进行甲骨文的文字识别和字型数据库构建[1][2]。李文英等[3]提出了基于深度学习的青铜器铭文识别方法。在国外,DeepMind、威尼斯大学和哈佛大学的联合研究团队[4]提出了一种可以复原、定位、定年古希腊铭文的深度神经网络,并发表在 *Nature* 上。

本书将通过篆体字自动识别的例子,简单介绍相关研究的过程和内容,本节内容的配套代码可以在本书对应的 GitHub 项目中获取。

(2) 篆体字简介

篆体字就是俗称的篆书,狭义上包含了"大篆"和"小篆"。大篆一般指先秦时期的金文、六国文字等,小篆也叫"秦篆",是秦始皇"书同文"的主要文字。小篆是秦汉时期主要的文字形式,直到西汉末年才逐渐被隶书取代,是秦汉时期典籍数字化和信息处理的重要对象。

(3) TrueType 字体转图片

目前暂无专门面向篆体字识别任务的有标记分类数据集,通过转换篆体 TrueType 字体可以较为轻松地获得带有标记的篆体字图像数据,自行构建篆体字识别训练集,并用在篆体字自动识别中。

本教材配套项目已经从互联网下载了 30 种篆体字体,均存储在以"All-Font"命名

---

[1] 张颐康,张恒,刘永革,等. 基于跨模态深度度量学习的甲骨文字识别[J]. 自动化学报,2021, 47(4):791-800.

[2] 门艺,张重生. 基于人工智能的甲骨文识别技术与字形数据库构建[J]. 中国文字研究,2021, (1):9-16.

[3] 李文英,曹斌,曹春水,等. 一种基于深度学习的青铜器铭文识别方法[J]. 自动化学报,2018, 44(11):2023-2030.

[4] Assael, Y., Sommerschield, T., Shillingford, B., et al. Restoring and attributing ancient texts using deep neural networks[J]. *Nature*, 2022, 603(7900):280-283.

的文件夹内,见图1-1。

370-B-v2-1.ttf	2017/5/25 17:54	TrueType 字体文件
BaiZhouZhuanShuJiaoHan-1.ttf	2017/5/25 22:29	TrueType 字体文件
ChaoShiJiXiJiaoZhuanTiFan-1.ttf	2017/3/20 18:28	TrueType 字体文件
ChaoShiJiXiYinZhuanTiFan-1.ttf	2017/3/20 18:28	TrueType 字体文件
FangYuanYinZhangZhuanTi-2.ttf	2017/6/21 17:03	TrueType 字体文件
FZTJLSK.TTF	2021/5/28 14:09	TrueType 字体文件
hktenkokk-1.ttf	2017/5/25 18:31	TrueType 字体文件
HOT-HTenshoStd-L-2.otf	2019/5/17 9:35	OpenType 字体...

图1-1 All-Font 文件夹中存放的 ttf 字体文件

通过运行 TFF2IMG.py 程序,即可实现字体到图片的转换。以下对部分核心代码的用法与作用进行解释。

请注意,运行环境:Python 3.7,tensorflow=2.3,pillow=8.2,fonttools=4.24.4。

① 读取字体文件

```
import os
from fontTools.ttLib import TTFont
from PIL import Image, ImageFont, ImageDraw

TTF_DIR = "All-Font"   # 存放.ttf 字体文件夹
img_dir = "data"   #生成图片存储路径
img_size =300 #生成图片像素大小

# 判断是否存在文件夹,若否,则创建
if not os.path.exists(img_dir):
    os.makedirs(img_dir)

# 遍历每一个.ttf 字体文件
for each_font in os.listdir(TTF_DIR):
    # ttf 字体文件存储路径
    ttf_path = TTF_DIR + "/" + each_font

    # 创建 int 型 unicode 编码与字符映射表
    fontmap = TTFont(ttf_path)
    uniMap = fontmap['cmap'].tables[0].ttFont.getBestCmap()
```

># 加载并创建指定大小的字体对象
>font = ImageFont. truetype(ttf_path, img_size)

通过执行上述代码,即可遍历地对每一种 TrueType 字体分别构建 int 型 unicode 编码与对应字符的映射关系 uniMap 和字体对象 font。在后续步骤中,前者用于校验并匹配汉字,后者用于绘制汉字图片。以下是 uniMap 映射表示例,对于每一个键值对(key-value),键(key)表示 unicode 编码的 int 型数值,值(value)表示其对应的字符名称,对于中文字符名称使用 unicode 编码表示,如下例所示:

{32: 'space', 33: 'exclam', 34: 'quotedbl', 35: 'numbersign', ……, 21370: 'uni537A', 21371: 'uni537B', 21372: 'uni537C', 21373: 'uni537D', ……, 65516: 'uniFFEC', 65517: 'uniFFED', 65518: 'uniFFEE'}

② 匹配并保存汉字

利用 TTF2IMG.py①(见 GitHub 代码仓库),可以将上文 uniMap 中的汉字编码生成图片。

首先,选择所需生成汉字图片的范围:

>all_chara = [chr(i) for i in range(19968,26000)] # 选取需要保存的汉字

其次,定义汉字匹配函数 char_to_img(详情请见 GitHub 代码仓库)。

最终,图片会以不同汉字为类别,分别存储在以所属汉字命名的文件夹中,如图 1-2 所示。

图 1-2 篆体字文件存储示例

---

① SikuBERT[EB/OL]. (2022 - 8 - 1). https://github.com/SIKU-BERT/code-for-digital-humanities-tutorial.

经过上述操作，最终获得了 5597 个类别，共计 86195 张篆体字图片。以汉字"印"为例，该类别下的图片如图 1-3 所示。

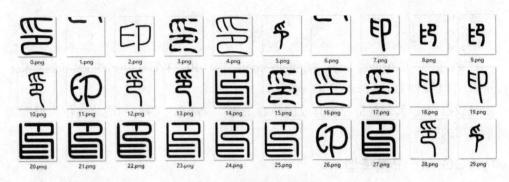

图 1-3　篆体字图片示例

③ 空白图片处理

由于部分 TrueType 字体文件不规范，导致一些汉字图片中并未包含笔画，而仅仅生成一张纯白色背景图，因此需要删去此类空白图片。在 DeleteBlankIMG.py 中定义如下 clean_blank 函数：

```
import os
import numpy as np
import tensorflow as tf
from tqdm import tqdm

def clean_blank():
    # 解决全白图片的方案:
    blank_img_array = [255] * np.ones((300, 300, 3))  # 创建一个空白图片矩阵
    img_dir = "data"   # 设置待清除空白图片的文件夹路径
    for each_cls in tqdm(os.listdir(img_dir), desc='正在清除空白图片'):
        dir_path = os.path.join(img_dir, each_cls)
        for each_img in os.listdir(dir_path):
            image_path = os.path.join(dir_path, each_img)
            # 加载图片,并将图片转成 ndarray 类型
            img_array = tf.keras.preprocessing.image.img_to_array(tf.keras.preprocessing.image.load_img(image_path))
            # 判断每张图片是否是空白图片,若是,则删除。
            if (blank_img_array == img_array).all():
                os.remove(image_path)
            else:
```

```
                continue
if __name__ == '__main__':
    clean_blank()
```

代码参见 GitHub（https://github.com/SIKU-BERT/code-for-digital-humanities-tutorial）中的文件 DeleteBlankIMG.py。

经数据清洗后，最终留存的有效图片数量为 55980 张。得到的图片将作为模型训练所使用的数据集。

（4）VGG‑16 分类模型

VGG‑16 卷积神经网络模型是一种高效的图像分类模型，通过堆叠多个块状卷积层（VGG 块），取得了超越 LeNet、AlexNet 的表现。该模型结构简单、拓展迁移性强，具有较好的泛化能力。本项目的 VGG‑16 模型基于 tensorflow 深度学习框架搭建，其模型架构如图 1‑4[①]：

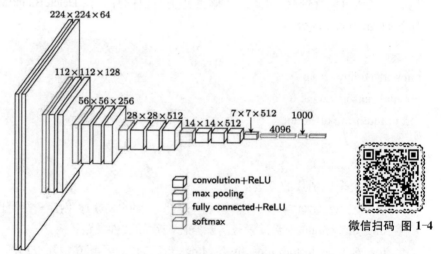

图 1‑4　VGG‑16 卷积神经网络模型架构

由于每个汉字对应的篆体字图片数量较少，难以满足对于每个类别都需要较多训练图片的要求，故本教材采用预训练（Pre-train）+ 微调（Fine-tune）的形式进行。引入 ImageNet[②] 权重作为模型的初始化参数，在篆体字数据集上继续训练进行参数微调。同时，也将介绍并使用数据增强（Data-argumentation）的技术，从而提升模型训练的效果。

[①] Gardezi, S. J. S., Awais, M., Faye, I., et al. Mammogram classification using deep learning features[C]//2017 IEEE International Conference on Signal and Image Processing Applications (ICSIPA). IEEE, 2017: 485–488.

[②] Simonyan, K., Zisserman, A. Very deep convolutional networks for large-scale image recognition[J]. arXiv preprint arXiv:1409.1556, 2014.

下面介绍 VGG-16 模型中较重要的相关概念,VGG-16 模型源代码可见于本章 vgg16.py 中(https://github.com/SIKU-BERT/code-for-digital-humanities-tutorial)。

① 卷积层说明

卷积(convolution)是一种数学运算,图像的一个子部分与一个内核(卷积核)进行卷积运算,得到一个特征图像,作为该图像的特征的代表;特征图像能够提取出图片中的特征,帮助模型进行识别。卷积计算的过程如图 1-5 所示:

图 1-5 卷积计算过程

微信扫码 图 1-5

- 蓝色:图片(在当前任务中可以理解为篆体字的图片)
- 黄色:3×3 的卷积核
- 绿色:生成的特征图片
- 运算过程:将黄色的卷积核(Kernel)与蓝色的图片(Image)中深色的部分进行卷积计算(也就是对应的位置相乘后相加),得到了绿色特征图中深色部分的特征(Feature);随后图像上用于计算的部分进行一定方向的移动(如:向右移动一个像素也称为 strides),再次进行卷积计算,由此得到最终的卷积结果(绿色特征图像)。

② 最大池化层说明

在一个图片所划分出来的各个字部分中,选择最大的值作为最终的输出。如图 1-6①所示:

图 1-6 最大池化的过程

微信扫码 图 1-6

---

① Max-pooling / Pooling. [EB/OL]. (2022-5-1). https://computersciencewiki.org/index.php/Max-pooling_/_Pooling.

2×2 的最大池化,将图像划分为多个 2×2 的部分,从各个部分中选择最大的数值作为特征值,组合成为矩阵,进行下一步的运算。

注意:池化的操作对象一般为卷积层输出的特征图片(Featured Image)。

(5) 篆体字自动识别

下面对篆体字自动识别代码中的关键步骤进行说明。该代码使用 ImageNet 上预训练的 VGG-16 模型,以达到较好的效果。源代码文件 VGG16-train.py 可见代码仓库。

① 数据读取

请确保每个类别的图片存储在以该篆体字对应文字命名的文件夹内。

指定数据集的路径:

```
train_path = "data/"
```

② 数据增强

整个篆体字数据集包含五万余张图片,但由于类别数量众多,数据集中每个类别的图片数量相对较少。为了能够支撑深度学习模型的特征提取,防止过拟合,需要采取数据增强策略,在每个批次的训练中,对图片进行随机旋转、平移、缩放、裁剪等转换,从而人为扩充训练集的规模。

```
import tensorflow as tf
fromtensorflow.keras.applications.vgg16 import preprocess_input

IMG_SIZE = (224,224) # 图片的像素大小
BATCH_SIZE = 32 # 一个 BATCH 的大小
# 数据增强
train_gen = tf.keras.preprocessing.image.ImageDataGenerator(
    preprocessing_function = preprocess_input,
    rotation_range = 10,       # 旋转范围
    width_shift_range = 0.2,   # 水平平移范围
    height_shift_range = 0.2,  # 垂直平移范围
    shear_range = 0.2,         # 剪切强度
    zoom_range = 0.2,          # 缩放范围
    horizontal_flip = False,   # 水平翻转
    vertical_flip = False,     # 垂直翻转
    validation_split = 0.5     # 验证集比例
)
# 生成每批次训练集和验证集生成器
```

```python
train_generator = train_gen.flow_from_directory(train_path, target_size=IMG_SIZE,
batch_size=BATCH_SIZE, subset="training")
val_generator = train_gen.flow_from_directory(train_path, target_size=IMG_SIZE,
batch_size=BATCH_SIZE, subset="validation")
```

生成器 train_generator 和 val_generator 会在后续每个批次的训练中,随机生成 BATCH_SIZE 大小的一批训练数据与验证数据。此处按照1∶1的比例划分训练集与验证集大小(该比例可以通过跳帧 validation_split 的数值进行调整)。

③ **模型构建**

设置超参数(**注意**:此处的参数可以按照需求进行更改):

```python
import os

train_path = r"data/"    # 数据集路径
save_path = r"Ret_Model/"   # 模型存储路径
IMG_SIZE = (224,224)  # 图片的像素大小
IMG_SHAPE = IMG_SIZE + (3,)  #(224, 224, 3)
NUM_CLASSES = len(os.listdir(train_path))  # 统计类别数量
BATCH_SIZE = 32    # 一个 mini batch 的数据量大小
LEARNING_RATE = 0.001     # 学习率
EPOCHS = 100    # 迭代次数
```

构建预训练模型:

```python
from tensorflow.keras.applications.vgg16 import VGG16
base_model = VGG16(input_shape=IMG_SHAPE, include_top=False, weights='imagenet')
print(base_model.summary())
```

设置微调部分:

```python
base_model.trainable = True
fine_tune_at = 16 #设置从第16层开始重新训练
# 冻结其他层模型参数
for layer in base_model.layers[:fine_tune_at]:
    layer.trainable = False
```

添加顶层分类器与输入层:

```python
from tensorflow.keras.layers import GlobalAveragePooling2D
from tensorflow.keras.layers import Dense, Dropout, Flatten
from tensorflow.keras import Model
```

```python
def add_input_top_model(base_model, class_num, input_shape):
    preprocessinput = preprocess_input
    inputs = tf.keras.Input(shape=input_shape)
    x = preprocessinput(inputs)
    x = base_model(x)
    x = GlobalAveragePooling2D()(x)
    # 若为2分类则
    if class_num == 2:
        outputs = Dense(1)(x)
    else:
        outputs = Dense(class_num, activation='softmax')(x)
    model = Model(inputs=inputs, outputs=outputs)
    return model

final_model = add_input_top_model(base_model, NUM_CLASSES, IMG_SHAPE)
print(final_model.summary())
```

配置模型:

```python
from tensorflow.keras.optimizers import Adam
from tensorflow.keras.losses import BinaryCrossentropy

def model_compile(model, learning_rate=0.001):
    class_num = model.output.shape[1]
    if class_num == 2:
        # 如果是二分类模型
        model.compile(optimizer=Adam(learning_rate=learning_rate),
            loss=BinaryCrossentropy(from_logits=True),
            metrics=['accuracy'])
    else:
        model.compile(optimizer=Adam(learning_rate=learning_rate),
                loss='categorical_crossentropy',
                metrics=['accuracy'])
    return model

model = model_compile(final_model, LEARNING_RATE)
```

目前为止,已经完成了数据加载、数据增强与模型的构建,完整代码可在脚本文件

VGG16-train.py 中查看。

④ 模型训练

```
# 当 loss 变化量小于指定阈值时，提前结束训练
callback = tf.keras.callbacks.EarlyStopping(monitor = 'loss', min_delta = 0.005, patience = 10)
# 训练模型
history = model.fit(train_generator, validation_data = val_generator, epochs = EPOCHS, callbacks = [callback])
# 保存模型
model.save(save_path)
```

其中，train_generator 和 val_generator 为经过数据增强的迭代生成器，callbacks 用于提前结束训练，防止过拟合。

出于演示目的，此处仅选择了 10 个类别的汉字图片用于分类任务。

将脚本文件 VGG16-train.py 与数据集 data 文件夹放在同一目录下，打开命令提示符输入指令：

```
python VGG16-train.py
```

模型即开始训练，可在控制台看到实时损失（loss）、训练集与验证集准确率（Accuracy）的变化情况。

```
5/5 [==============================] - 20s 4s/step - loss: 1.9319 - accuracy: 0.1800 - val_loss: 1.9303 - val_accuracy: 0.1933
Epoch 65/100
5/5 [==============================] - 20s 4s/step - loss: 1.9104 - accuracy: 0.1933 - val_loss: 1.9049 - val_accuracy: 0.1867
Epoch 66/100
5/5 [==============================] - 20s 4s/step - loss: 1.9178 - accuracy: 0.1933 - val_loss: 1.9589 - val_accuracy: 0.2067
Epoch 67/100
5/5 [==============================] - 20s 4s/step - loss: 1.9126 - accuracy: 0.2000 - val_loss: 1.9417 - val_accuracy: 0.2000
Epoch 68/100
5/5 [==============================] - 20s 4s/step - loss: 1.9026 - accuracy: 0.1933 - val_loss: 1.9583 - val_accuracy: 0.2067
Epoch 69/100
5/5 [==============================] - 19s 4s/step - loss: 1.9181 - accuracy: 0.2000 - val_loss: 2.0204 - val_accuracy: 0.2200
Epoch 70/100
5/5 [==============================] - 20s 4s/step - loss: 1.9167 - accuracy: 0.2267 - val_loss: 2.0059 - val_accuracy: 0.1800
Epoch 71/100
5/5 [==============================] - 20s 4s/step - loss: 1.9188 - accuracy: 0.2000 - val_loss: 1.9727 - val_accuracy: 0.1933
Epoch 72/100
5/5 [==============================] - 20s 4s/step - loss: 1.9326 - accuracy: 0.1933 - val_loss: 2.0188 - val_accuracy: 0.1667
Epoch 73/100
5/5 [==============================] - 20s 4s/step - loss: 1.9292 - accuracy: 0.1933 - val_loss: 1.9763 - val_accuracy: 0.2133
Epoch 74/100
5/5 [==============================] - 20s 4s/step - loss: 1.9474 - accuracy: 0.2267 - val_loss: 1.9987 - val_accuracy: 0.1867
Epoch 75/100
5/5 [==============================] - 20s 4s/step - loss: 1.9413 - accuracy: 0.1867 - val_loss: 1.9446 - val_accuracy: 0.2333
Epoch 76/100
5/5 [==============================] - 21s 4s/step - loss: 1.9289 - accuracy: 0.2200 - val_loss: 1.9015 - val_accuracy: 0.2000
Epoch 77/100
5/5 [==============================] - 20s 4s/step - loss: 1.9089 - accuracy: 0.1933 - val_loss: 1.9918 - val_accuracy: 0.2000
Epoch 78/100
5/5 [==============================] - 20s 4s/step - loss: 1.9033 - accuracy: 0.2267 - val_loss: 1.8916 - val_accuracy: 0.2267
```

图 1-7　模型训练的迭代过程

待模型训练结束，即可在模型保存路径看到训练好的模型文件。文件夹中包含一个 pb 文件，一个 assets 文件夹，一个变量文件夹。

若已经训练完模型，要使用该模型执行相应的任务，可以使用如下代码：

```
# 此处 load_model 的"( )"中为模型文件夹的路径
new_model = tf.keras.models.load_model('saved_model/my_model')
# 加载测试集
Pred = new_model.predict(val_generator, verbose = 1)
# 直接使用该模型进行预测
predicted_class_indices = np.argmax(Pred, axis = 1)
print(predicted_class_indices)
```

课后习题

中国书法作为民族艺术样态，不仅反映了中华民族在文化生态中历时线条上的形态凝结，更生动体现着本民族在共时空间中的书法本体构成。当今存在的许多书法作品是以石碑的形式保留至今的，但由于许多作品存在破损及古汉语的多样性，许多文字难以识别。随着人工智能技术的发展，此类难题的解决迎来了转机。请结合本章内容，编写石碑文字自动识别系统，可实现古碑文的图像自动识别功能。

第二章　数字人文下的汉语分词

　　数字人文研究始于词语计量分析,以词语作为最主要的研究对象。从语言单位来看,词语是最小的能够独立活动的有意义的语言成分①,是语义研究的基础,而数字人文所需的知识资源大多也从文本的词语层级开始获取。另一方面,由于汉语书写时词语并不分开,如何让计算机准确识别出词语成为中文信息处理的一大难题,这使得自动分词成为领域最为重要的研究任务和技术基础,也催生出大量模型和算法用于解决这一难题。准确高效的自动分词模型和算法,是面向汉语文本的数字人文研究开展的前提。

　　围绕自动分词的理论和技术背景,结合实战和操作的需求,本章主要讲解汉语分词规范、汉语自动分词的主要方法,以及深度学习视角下的词向量三个方面的内容。具体来说,本章首先对汉语分词的基本概念进行介绍,包括分词规范、分词单位、未登录词、分词歧义等,之后以非物质文化遗产的自动分词为主要研究任务,详细说明了构造非物质文化遗产领域的自动分词系统所需的数据处理模块、自动分词模块、数据分析模块所涉及的技术及具体实现代码,并在此基础上开发面向该领域的分词工具,为数字人文领域研究者提供简单有效的文本分词方法。

- 知识要点
  分词规范、分词单位、未登录词、分词歧义、分词一致性
- 应用系统
  非物质文化遗产文本自动分词系统

2.1　汉语分词基本知识

　　汉语自动分词一般简称为自动分词,也称为词语切分,是使用计算机技术自动识别并划分出汉语词语的边界。古汉语分词如"太祖/悦/,/謂/禁/曰/:/洧水/之/難/,/吾/其/急/也/,/將軍/在/亂/能/整/,/討/暴/堅/壘/,/有/不/可/動/之/節/,/雖/古/名將/,/何以/加/之/!/"。现代汉语分词如"坚持/依法/治国/、/依法/执政/、/依法/行政/共同/推进/,/坚持/法治/国家/、/法治/政府/、/法治/社会/一体/建设/"。

---

① 朱德熙.语法讲义[M].北京:商务印书馆,1982.

(1) 分词规范

分词的前提是确定词语的边界,而语言学关于汉语词语边界的讨论尚无定论。为满足信息处理的需要,全国信息技术标准化技术委员会制定了国标 GB/T13715－1992,即《信息处理用现代汉语分词规范》。该规范明确而具体地界定了汉语分词的主题内容和适用范围,并相对全面地规定了分词原则,在一定程度上有效地保证了各种汉语信息处理系统之间的兼容性。其规定汉语分词的对象包含了词和词组,并定义了分词单位的概念以指示上述对象。在国标 GB/T13715－1992 的基础上,一些研究机构从自身研究的需求出发,也制定了相应的规范,比如面向通用领域的南京师范大学分词规范、面向新时代《人民日报》语料的南京农业大学自动分词规范、面向中国典籍跨语言文本的南京农业大学中国典籍跨语言自动分词规范等。

(2) 分词单位

根据《信息处理用现代汉语分词规范》中的定义,分词单位即"汉语信息处理使用的、具有确定的语义或语法功能的基本单位。它包括本规范的规则限定的词和词组"。① 此外,《信息处理用现代汉语分词规范》②中的词为"最小的能独立运用的语言单位",词组为"由两个或两个以上的词,按一定的语法规则组成,表达一定意义的语言单位"。比如"聂/海胜/谈/中国/航天员/的/未来/"这个现代汉语中共有 7 个词,"中国"和"航天员"为两个词,而"中国航天员"则为一个词组;在"古者/富/贵/而/名/摩/灭/,/不/可/胜/记/,/唯/倜傥/非/常/之/人/称/焉"这个古汉语例子中共有 21 个词,其中"胜"和"记"为两个词,而"胜记"则为一个词组。

(3) 未登录词

汉语自动分词需要依据底表来辅助模型构建或评价分词结果。然而,真实文本中存在大量未见于底表的词语,对自动分词的准确率造成很大影响。未登录词不可能被穷尽,且语言的变化和发展始终会带来新的未登录词(如网络流行词语),比如"奥利给、内卷、杠精"等。未登录词的切分是汉语分词需要解决的重要问题,未登录词的切分效果也是衡量汉语分词性能的一个重要指标。

(4) 分词歧义

根据底表,一个待分词汉字串可能会具有多种分词切分形式,从而构成分词歧义。分词歧义一般可以归纳为两类。一类是组合型歧义,即待分词汉字串(一般为两个汉字)既可以切开也可以不切开,如"从马上跳下来"中的"马上";另一类是交集型歧义,

---

① 刘源,谭强,沈旭昆.信息处理用现代汉语分词规范及自动分词方法[M].北京:清华大学出版社,1994.

② 同①

即待分词汉字串(至少三个汉字)有多个切分位置,如"使用户满意"中的"使用户"。一般情况下,可以根据上下文消解分词歧义①。

(5) 分词一致性

上下文相同或相似情况下,存在同类分词歧义的待分词汉字串应该始终保持切分方式的一致。对于人工标注分词语料或机器自动分词结果来说,分词一致性是衡量分词质量的重要指标。人工标注分词语料库构建时可以通过多组多轮交叉验证的形式保证一致性;机器自动分词则应在模型构建时充分考虑分词一致性的问题。在所构建的语料库中分词不一致的现象会出现,比如"中国科学院"存在"中国科学院/"和"中国/科学院/"这两种分词形式。②

2.2 自动分词在数字人文研究中的应用背景

汉语自动分词是数字人文研究的重要前提,是深度挖掘经典文献和深入研究传统文化的必要根基。作为最小表意单元,汉语词语间并不具有天然分隔。面对海量现代与古代汉语文本,完全依赖手工分词不仅工作量巨大,还难以保证分词结果的一致性与规范性。因此,需要借助现代计算机信息技术自动化完成汉语词汇切分。

汉语自动分词主要可以分为基于规则的自动匹配分词和基于概率统计的分词两类方法。前者通常通过人工标注或引入外部词典信息构建领域词汇表,融合停用词表获得分词底表。在此基础上,采用最大正向或(和)逆向匹配的分词算法进行自动分词。例如,黄建年③通过 N 元语法(N-gram)和词典分词技术在农业古籍上实现了自动分词,徐润华和陈小荷④构建了注疏词表,采用最大匹配分词算法对《左传》进行了分词。但是,基于规则匹配的方法通常无法识别未登录词,因此当前大多采用基于概率统计的机器学习或深度学习方法进行汉语自动分词。目前已经出现了 NLPIR⑤、Jieba⑥、HanLP⑦、NLTK⑧等中文分词工具可供直接使用,但由于上述软件内置的分词模型大多基于通用语料训练,因此难以在依赖语言学、历史学、文献学等领域数据和知识的数

---

① 陈小荷. 现代汉语自动分析[M]. 北京:北京语言文化大学出版社,2000.
② 彭秋茹,王东波,黄水清. 面向新时代的人民日报语料中文分词歧义分析[J]. 情报科学,2021,39(11):103-109.
③ 黄建年. 农业古籍的计算机断句标点与分词标引研究[D]. 南京:南京农业大学,2009.
④ 徐润华,陈小荷. 一种利用注疏的《左传》分词新方法[J]. 中文信息学报,2012,26(2):13-17+45.
⑤ NLPIR-ICTCLAS 汉语分词系统. [EB/OL]. (2022-4-1). http://ictclas.nlpir.org/.
⑥ jieba 0.42.1. [EB/OL]. (2022-4-1). https://pypi.org/project/jieba/.
⑦ HanLP. [EB/OL]. (2022-4-1). https://www.hanlp.com/.
⑧ NLTK(Natural Language Toolkit). [EB/OL]. (2022-5-1). https://www.nltk.org/

字人文研究中使用。

采用统计学习模型的方法能够根据语料库先验概率与条件概率分布自动判断词汇边界。其分词过程大致如下：首先，由相关专业标注人员进行手工词汇切分，经校验后形成精标数据集。其次，基于人工标注语料构建训练集，制定不同人工特征模板。最后，采用序列标注方法训练得到最佳分词模型，并完成对全部未标注语料的自动分词。

条件随机场模型（CRF）在汉语自动分词中的应用最为广泛。石民等[1]编制了面向计算机信息处理的《古代汉语分词标注规范》，采用条件随机场模型在《左传》上进行了自动分词实验，发现字符分类、二元同现、声调等特征能够提高分词性能。留金腾等[2]采用CRF自动标注和人工校验的方式构建了《淮南子》全文分词及词性标注语料库，通过领域适应方法和语言学特征融合，仅需要少量人工标注的古文数据即可快速获取高质量分词模型。黄水清等[3]基于《春秋经传注疏引书引得》构建领域词表，并作为外部词汇知识融入CRF特征学习过程，在《左传》和《晏子春秋》上提高了自动分词的准确率，为先秦典籍的自动分词提供了新的视角。欧阳剑[4]基于二元文法（Bigram）和CRF模型完成了《左传》自动分词，并通过可视化数据挖掘的方式搭建了服务于语言学、文献学、历史学的古籍统计分析平台。王晓玉和李斌[5]将词典标记信息和字符分类特征加入CRF的特征模板，有效提升了在史书、佛经等中古语料上的分词性能。

基于统计学习模型的自动分词方法对有标记数据集的规模和计算机硬件资源的要求相对较低，适合于面向小样本监督数据集和移动平台的自动分词模型训练与应用。但是要想构建高性能的分词模型，需要具备相关领域知识的专家通过特征工程统计多维语言学特征，构建复杂的机器学习特征模板，因此实现与普及的门槛较高。

深度学习模型无须人工选择待分词文本特征，神经网络架构能够自行在大规模标记数据集上提取丰富的语义与关联特征。当前较为主流的研究方法是采用word2vec词嵌入工具对文本进行向量化表示，继而基于RNN、Bi-LSTM、Transformer等深度神经网络架构完成自动分词。王莉军等[6]基于Bi-LSTM-CRF模型对中医领域文本进行了

---

[1] 石民,李斌,陈小荷.基于CRF的先秦汉语分词标注一体化研究[J].中文信息学报,2010,24(2):39-45.

[2] 留金腾,宋彦,夏飞.上古汉语分词及词性标注语料库的构建——以《淮南子》为范例[J].中文信息学报,2013,27(6):6-15+81.

[3] 黄水清,王东波,何琳.以《汉学引得丛刊》为领域词表的先秦典籍自动分词探讨[J].图书情报工作,2015,59(11):127-133.

[4] 欧阳剑.面向数字人文研究的大规模古籍文本可视化分析与挖掘[J].中国图书馆学报,2016,42(2):66-80.

[5] 王晓玉,李斌.基于CRFs和词典信息的中古汉语自动分词[J].数据分析与知识发现,2017,1(5):62-70.

[6] 王莉军,周越,桂婕,等.基于BiLSTM-CRF的中医文言文文献分词模型研究[J].计算机应用研究,2020,37(11):3359-3362+3367.

自动分词,其效果较 Jieba 等通用分词工具有大幅提升。程宁等[①]则基于一体化分词与词性标注的思想,采用 Bi-LSTM-CRF 模型完成了不同历史时期古籍的自动分词,该模型分词准确率高于 IDCNN 模型,且优于单独分词的效果。

基于 Transformer 架构的预训练语言模型具有更强的语义表征能力,尤其是面向数字人文领域相关任务继续训练的模型可以更加充分地学习到特定领域文本的句法与文法规则。采用小样本标注语料进行微调,即可利用 BERT、RoBERTa、SikuBERT 等进行全文分词。张琪等[②]基于 BERT 模型在先秦典籍语料上训练了分词词性一体化标注模型,其分词 F1 值超越了机器学习模型 CRF 和神经网络模型 GRU-CRF,并利用 SikuBERT 模型对《史记》文本进行了自动标注与知识挖掘。王东波等[③]通过领域适应性训练的方式,在《四库全书》全文语料上进一步预训练了通用 BERT,构建并发布了面向古文自动处理的 SikuBERT 模型。刘畅等[④]利用 SikuBERT 模型在无标点的《汉书》《三国志》等古籍语料上进行了自动分词对比实验,分词表现优于 Bi-LSTM-CRF 和现代汉语预训练的 BERT 模型。

基于深度学习的分词方法在相同数据集上往往能够取得超越传统机器学习模型的分词表现。这一方面得益于更加复杂且深度的神经网络结构能够学习到更多显式和隐式的词法与句法特征,另一方面用于支撑模型训练的大规模标注数据集包含较为全面的自然语言知识,使得模型在开放测试中具有较强的泛化能力。尤其是近几年火热的预训练语言模型,在预训练阶段以无监督的方式充分学习海量真实文本的语言学特征与词汇、句子关联,面向下游任务仅需通过迁移学习与领域微调的方式即可取得优异的分词性能。

2.3 非物质文化遗产文本自动分词系统

(1) 非物质文化遗产简介

非物质文化遗产是一个国家和民族历史文化的重要标志。随着联合国教科文组织发布《保护非物质文化遗产公约》,中国政府不断加强非物质文化遗产保护工作,这是对中华民族优秀传统文化的珍视。因此,基于数字人文理念,通过数据科学与人工智能技术对国家级非物质文化遗产项目申报文本进行分词(本章后续简称为非遗文本),实

---

① 程宁,李斌,葛四嘉,等.基于 BiLSTM-CRF 的古汉语自动断句与词法分析一体化研究[J].中文信息学报,2020,34(4):1-9.
② 张琪,江川,纪有书,等.面向多领域先秦典籍的分词词性一体化自动标注模型构建[J].数据分析与知识发现,2021,5(3):2-11.
③ 王东波,刘畅,朱子赫,等.SikuBERT 与 SikuRoBERTa:面向数字人文的《四库全书》预训练模型构建及应用研究[J].图书馆论坛,2022,42(6):31-43.
④ 刘畅,王东波,胡昊天,等.面向数字人文的融合外部特征的典籍自动分词研究——以 SikuBERT 预训练模型为例[J].图书馆论坛,2022,42(6):44-54.

现对非遗知识的多维度组织、管理、分析、挖掘与呈现,对加强非物质文化遗产的保护,促进非遗的可持续发展具有重要的意义和价值。

(2)程序简介

针对目前市面上通用分词工具缺乏非遗领域知识的问题,我们开发了中国非物质文化遗产文本自动分词系统。该系统基于 Python 编程语言开发,能够以可视化、交互式的方式,实现数据预处理、自动分词和数据分析。自动分词系统的主页面如图 2-1 所示。

图 2-1 中国非物质文化遗产文本自动分词系统操作界面

中国非物质文化遗产文本自动分词系统可在以下链接中第二章的文件夹获取(https://github.com/SIKU-BERT/code-for-digital-humanities-tutorial),本项目同时提供了系统源码(位于 System_SourceCode 文件夹)并已经打包成.exe 可执行文件(位于 System_ExecutableFile 文件夹),读者可以根据需求灵活选用。下面将分别对系统各模块使用方法及该系统源码中各模块核心代码进行解释说明。

(3)系统使用说明

本部分将对中国非物质文化遗产文本自动分词系统的使用方法进行简要说明。为了便于演示,本项目已经从中国非物质文化遗产网(http://www.ihchina.cn/)上获取了部分项目申报文本,并保存在源码与可执行文件的 data 文件夹中,读者亦可自行前往中国非物质文化遗产网下载项目申报文本并存储在本地.txt文件中。

以项目源码（主文件：ICHAutoWordSegGUI.py）或可执行文件（双击ICHAutoWordSegGUI.exe）的形式启动系统后，点击右上"浏览"按钮，在路径选择弹窗中选取本地data文件夹，系统即可自动读取该文件夹内全部文本，并在信息提示框内呈现部分非遗文本，如图2-2所示。

图2-2 系统使用示例

下一步，点击左下"数据处理"按钮，系统即可自动将语料库中的原始文本转换为待分词模型自动标注的文本格式，并在信息提示框中呈现部分文本示例，如图2-3所示。

图 2-3 数据处理结果

下一步,点击"自动分词"按钮,即可进入自动分词模块。在该模块,左侧文本框显示的是分词前语料库内的全部文本。点击下方"开始分词"按钮,系统便会调用内置训练完成的分词模型自动切分词汇,并在右侧文本框输出全部分词后文本,词与词之间通过"/"符号间隔,如图 2-4 所示。

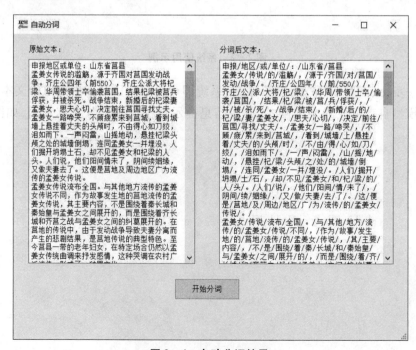

图 2-4 自动分词结果

返回上一界面,点击右下"数据分析"按钮,即可进入数据分析与可视化模块,该模块集成了"词长统计""词频统计""词云展示"三种数据分析与呈现功能。点击"词长统计",即可在右侧生成分词后语料库中词汇长度分布的折线图,如图2-5所示。用户可以直观对比语料库中不同长度词汇的数量,洞察长度分布规律。

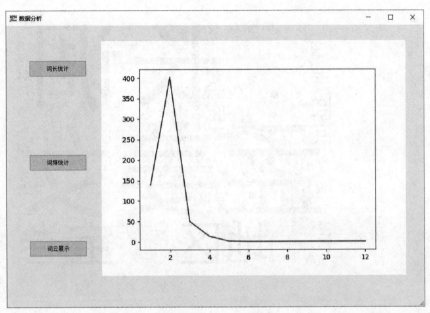

图2-5　词长统计图示

点击"词频统计"按钮,系统会在右侧呈现语料库中的高频词汇分布图。在本次演示中,分词后的语料库中"孟姜女""长调""卷"等词汇出现的频次较高,如图2-6所示。

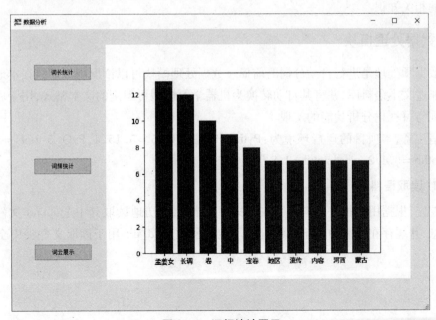

图2-6　词频统计图示

点击"词云展示"按钮,系统会自动统计语料库中词汇类别与出现频次,并生成词云,如图 2-7 所示。在图像中,词汇的大小与其在语料库中出现的频次呈正相关。通过词云呈现,可以快速获取导入语料库的关键词与核心主题,分析语料库的词汇特征。

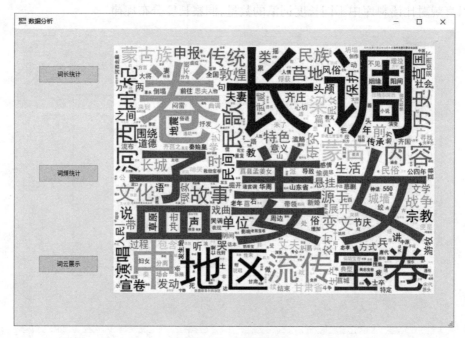

图 2-7　词云展示

下面将对中国非物质文化遗产文本自动分词系统源码中各模块的核心代码进行解读,帮助读者理解系统的工作原理,学习有关数据预处理、自动分词、数据分析与可视化呈现的相关知识。

(4) 数据处理模块

数据预处理是进行自动分词的前提。数据处理模块可以读取用户存储在本地的待分词非遗文本语料库,并将其自动转换为机器学习模型可识别的文本格式,用于后续自动分词与可视化分析功能的实现。

请注意,本项目的运行环境为:Python 3.8,PyQt 5＝5.15.4,PyQt 5-tools＝5.15,matplotlib＝3.4.2,wordcloud＝1.8.1。

① 读取语料库

首先,根据用户指定语料库所在的文件夹路径,遍历地读取其中全部.txt 文件的路径信息,并缓存在列表中用于后续处理。定义函数 read_dir 用于读取文件夹中全部文件路径:

```python
importos

def read_dir(path):
    fileArray = []
    for root, dirs, files in os.walk(path):
        for fn in files:
            eachpath = str(root + '\\' + fn)
            fileArray.append(eachpath)
    return fileArray
```

其中,参数 path 为文件夹根目录,返回的列表 fileArray 中存储了根目录文件夹中全部语料的路径。

② 文本格式预处理

定义读取函数 reader,写入函数 output:

```python
# 读取本地.txt 文件
def reader(path):
    with open(path, 'r', encoding='utf-8') as f:
        lines = f.readlines()
        return lines


# 保存.txt 文件到本地
def output(path, tokens):
    with open(path, 'w', encoding='utf-8') as f:
        for temp in tokens:
            for token in temp:
                f.write(token + '\n')
            f.write('\n')
```

在读取函数 reader 中,参数 path 为本地.txt 文件的路径。在写入函数 output 中,path 为.txt 文件保存路径,tokens 为预处理后的列表。

调用上述函数,完成原始文本的数据预处理:

```python
# 进行数据预处理
all_tokens = []    # 存储处理后文本
dir_path = r'data'    # 语料库路径
# 遍历读取文件夹
fileArray = read_dir(dir_path)
```

```
for path in fileArray：
    # 读取每一个.txt 文件
    lines = reader(path)
    # 数据清洗
    for para in lines：
        para = para.replace('\u3000', '').replace('\t', '').replace(' ', '').strip()
        if para：
            # 转化成待标注 token 格式
            all_tokens.append(list(para))
    # 在根目录下保存 token 格式文本
    output(r'test.txt', all_tokens)
```

运行上述代码后，即可在代码所在目录下查看程序自动生成的 test.txt 文件。完整代码可在系统源代码的 ICHAutoWordSegGUI.py 文件中查看。

(5) 自动分词模块

对于经数据处理模块自动加工后的待分词非遗文本，自动分词模块可以调用已经训练完成的分词模型，自动对其进行分词，并同时输出分词前后的文本。鉴于部分用户的计算机存在性能限制，本项目分词模型采用 CRF 机器学习模型训练，从而适用于运行 windows 系统的任意型号计算机。

定义自动分词函数 auto_tag：

```
# 自动分词
def auto_tag()：
    # 切换到 CRF 模型所在路径
    os.chdir(r'crf')
    print(os.getcwd())
    # 执行自动标注指令
    os.system('crf_test -m model ../test.txt > ../output.txt')
    # 切换回当前工作目录
    os.chdir(r'../')
    print(os.getcwd())
    # 读取自动标注后的 token 格式文件
    lines = reader(r'output.txt')
    tokens = get_tokens(lines)

    # 以 '/' 分割的形式整理分词后文本
    all_line = []    # 存储格式整理后文本
```

```python
    for temp in tokens:
        line = ''
        for token in temp:
            char = token.split('\t')[0]
            ind = token.split('\t')[1].split('-')[0]
            if ind == 'B' or ind == 'M':
                line += char
            elif ind == 'E' or ind == 'S':
                line += char + '/'
        all_line.append(line)

# 将 tokens 按段落存入列表
def get_tokens(lines):
    tokens = []
    temp = []
    for line in lines:
        line = line.strip()
        if line:
            temp.append(line)
        else:
            if temp:
                tokens.append(temp)
                temp = []
    if temp:
        tokens.append(temp)
    return tokens
```

执行该代码块后,会在程序所在目录下生成 output.txt 文件,该文本文件存储了调用自动分词模型自动标注后的 token 形式语料,其格式样例如图 2-8 所示:

```
15 孟→B-tag
16 姜→M-tag
17 女→E-tag
18 传→B-tag
19 说→E-tag
20 的→S-tag
21 滥→B-tag
22 觞→E-tag
23 ，→S-tag
24 源→B-tag
25 于→E-tag
26 齐→B-tag
27 国→E-tag
28 对→S-tag
29 莒→B-tag
30 国→E-tag
31 发→B-tag
32 动→E-tag
33 战→B-tag
34 争→E-tag
35 。→S-tag
```

图 2-8 语料的 token 表示格式

在该输出文件中，每一行均由"字符 + 分词标记"组成，每种分词标记的含义见表 2-1。对于图中示例的 token 格式文本，经程序处理后，最终在系统前端页面展示的分词后文本格式为"孟姜女/传说/的/滥觞/，/源于/齐国/对/莒国/发动/战争/。/"。

表 2-1　BMES 分词标记

序号	标记	含义
1	B-tag	词汇起始字
2	M-tag	词汇中间字
3	E-tag	词汇末尾字
4	S-tag	单字词

此外，该代码块还会将以 '/' 分割的分词后文本存入变量 all_line 列表中，以供系统在前端页面呈现分词结果，以及用于后续对分词结果的多维可视化分析。完整代码可在系统源代码的 ICHAutoWordSegGUI.py 文件中查看。

（6）数据分析模块

数据分析模块能够从词汇长度分布、词汇频次统计，以及分词结果的词云呈现三个维度，对分词后语料库的词汇特征进行统计分析与可视化呈现。

① 词长统计

首先，定义函数 count_freq( ) 用于统计并对不同长度词汇出现的频次进行排序：

```
from collections import Counter

def count_freq(d_list, n = 0, rev = True):
    c_dict = dict(Counter(d_list))
    d_count = sorted(c_dict.items(), key = lambda x: x[n], reverse = rev)
    return d_count
```

其中,参数 d_list 为列表形式,存储待统计的全部数据;参数 n 可选值为 0 或 1,分别对应按照词长或频次进行排序,默认按照词长排序;参数 rev 为布尔变量,默认取值为 True,表示按数值从大到小排序,当取值为 False 时则相反。函数返回的列表 d_count 中存储了统计并排序后的词长与对应频次,其数据结构为"[(词长1,频次1),(词长2,频次2),…,(词长n,频次n)]"。

其次,分词后文本中存在大量"的""了""呀"等无实意的词汇,各种中英文标点符号也同样没有实际含义,即通常所说的停用词。因此,定义函数 del_stopwords 用于删去文本中的停用词:

```
def del_stopwords(word_list):
    # 读取停用词表
    stopwords_path = r'stopwords.txt'
    stopwords = reader(stopwords_path)
    stopword_list = [each.strip() for each in stopwords if each.strip()]
    # 去停用词
    word_list_no_stop = []    # 存储删去停用词的分词后语料
    for word in word_list:
        if word not in stopword_list:
            word_list_no_stop.append(word)
    return word_list_no_stop
```

输入变量 word_list 为存储了分词后文本中全部词汇的列表(不去重),其数据结构为"[词语1,词语2,…,词语n]"。停用词表 stopwords.txt 可在系统源码的根目录中查看。运行代码,输出变量 word_list_no_stop 为删去了停用词表中停用词的 word_list,数据结构与 word_list 相同。

最后,编写函数 count_len_freq,并调用工具包绘制词长分布统计图,即可实现对分词后语料的词长统计与可视化呈现。

```
import matplotlib.pyplot as plt

# 统计词长分布
def count_len_freq(word_list_no_stop):
```

```python
len_list = []    # 存储全部词汇对应的词长
for word in word_list_no_stop:
    length = len(word)
    len_list.append(length)
# 统计词长并按照词长升序排列
len_count = count_freq(len_list, 0, False)
# 指定图像 x、y 轴数据
x = [each[0] for each in len_count[:10]]
y = [each[1] for each in len_count[:10]]
# 绘制折线图
plt.plot(x, y)
# 展示图像
plt.show()
# 保存图像
plt.savefig(r'plot.png')
# 关闭画布
plt.close()
```

该代码段输入变量 word_list_no_stop 为删去停用词后的词汇列表,运行代码后,会在屏幕上呈现按词长顺序排列前十的词长及频次对应的折线统计图(见下图2-9),并将该图保存在程序所在目录,以 plot.png 命名。保存在本地的图像可供系统调用从而呈现在前端界面上供用户查看。

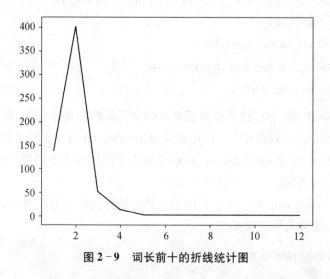

图2-9　词长前十的折线统计图

② 词频统计

定义函数 count_word_freq 用于统计分词后文本的词频分布情况,并绘制条形统计图呈现词频前十的词语与频次：

```
import matplotlib.pyplot as plt
from matplotlib.font_manager import FontProperties
font = FontProperties(fname = r"Fonts\simhei.ttf")
# 统计词频分布
def count_word_freq(word_list_no_stop):
    # 统计词频并按照词频降序排列
    word_count = count_freq(word_list_no_stop, 1)
    # 指定图像 x、y 轴数据
    x = [each[0] for each in word_count[:10]]
    y = [each[1] for each in word_count[:10]]
    # 绘制条形图
    plt.bar(range(len(y)), y)
    # 设置 x 轴坐标轴
    plt.xticks(range(len(y)), x, fontproperties = font)
    # 展示图像
    plt.show()
    # 保存图像
    plt.savefig(r'bar.png')
    # 关闭画布
    plt.close()
```

其中，输入变量 word_list_no_stop 与词长统计的变量相同。由于 matplotlib 工具默认不支持显示中文字体，因此需要通过上述代码块的第 2、3 行代码指定中文字体。运行程序后，会在屏幕上呈现词频统计图（见图 2-10），并在该程序所在目录下保存图像，命名为 bar.png。

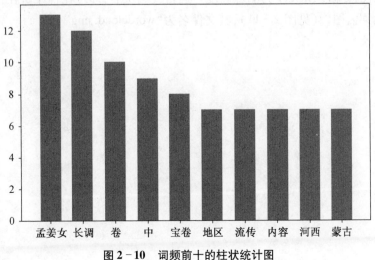

图 2-10　词频前十的柱状统计图

③ 词云展示

一幅词云图像通常由大小及颜色不同的词汇构成。其中,出现频次越大的词汇字号越大。定义函数 word_cloud,并调用第三方工具包 WordCloud 用于生成分词后文本的词云图像并保存:

```python
from wordcloud import WordCloud

# 生成词云图像
def word_cloud(word_list_no_stop):
    # 统计词频并按照词频降序排列
    word_count = count_freq(word_list_no_stop, 1)
    # 将统计结果转换为字典形式
    freq_dict = {}
    for each in word_count:
        freq_dict[each[0]] = int(each[1])
    # 指定词云图像参数
    wc = WordCloud(font_path = r"Fonts\simhei.ttf", background_color = "white", max_words = 1000, scale = 1, width = 800, height = 600)
    # 生成词云
    wc.generate_from_frequencies(freq_dict)
    # 保存图像
    wc.to_file(r'wordcloud.png')
```

其中,输入变量 word_list_no_stop 同样与词长统计的变量相同。此处对 WordCloud 类中的各项参数进行简要说明:font_path 为字体文件路径,background_color 为图片背景颜色,max_words 为词云中显示的最大词汇个数,scale 为画布放大比例,width 为图像宽度,height 为图像高度。运行代码块后,即可在程序所在目录下查看自动保存的词云图像(见图 2-11),其文件名为"wordcloud.png"。

图 2-11 词云图示例

以上为中国非物质文化遗产文本自动分词系统源码中数据处理模块、自动分词模块和数据分析模块的核心代码与使用说明,在介绍时侧重于所述功能的实现,因此略去了调用 PyQt5 工具包进行系统前端页面与后台数据交互部分的代码。完整的功能实现与前后端交互代码可在系统源代码中 ICHAutoWordSegGUI.py 文件中查看。

(7) 自动分词模型构建

在本章"(5) 自动分词模块"小节中,我们介绍了如何调用已经训练好的分词模型来开展中国非物质文化遗产文本的自动分词。考虑到用户计算机可能存在的性能不足问题,以及大部分用户不具备大规模标注数据集,我们提供了已经训练完成的 CRF 分词模型,本书的读者只要有计算机即可完成自动分词任务。

为了满足读者更高层次的需求,使得读者可以面向不同的任务自行构建通用或专用分词模型,本小节对自动分词模型的数据集构建、模型训练、自动标注、性能测评等四个重要模型构建过程进行说明。

① 数据集构建

首先,从中国非物质文化遗产网(http://www.ihchina.cn/)获取国家级非物质文化遗产名录的申报正文内容,图 2-12 是非物质文化遗产项目"京剧"的申报信息网页截图。

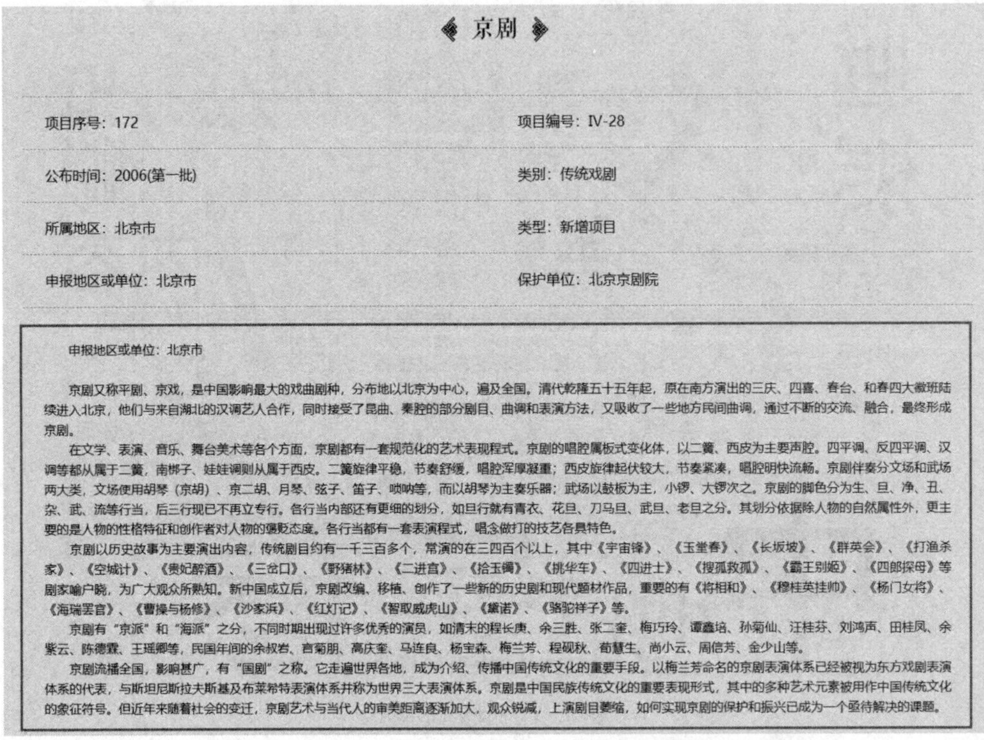

《京剧》

项目序号：172　　　　　　　　　　项目编号：Ⅳ-28

公布时间：2006(第一批)　　　　　　类别：传统戏剧

所属地区：北京市　　　　　　　　　类型：新增项目

申报地区或单位：北京市　　　　　　保护单位：北京京剧院

申报地区或单位：北京市

京剧又称平剧、京戏，是中国影响最大的戏曲剧种，分布地以北京为中心，遍及全国。清代乾隆五十五年起，原在南方演出的三庆、四喜、春台、和春四大徽班陆续进入北京，他们与来自湖北的汉调艺人合作，同时接受了昆曲、秦腔的部分剧目、曲调和表演方法，又吸收了一些地方民间曲调，通过不断的交流、融合，最终形成京剧。

在文学、表演、音乐、舞台美术等各个方面，京剧都有一套规范化的艺术表现程式。京剧的唱腔属板式变化体，以二簧、西皮为主要声腔。四平调、反四平调、汉调等都从属于二簧，南梆子、娃娃调则从属西皮。二簧旋律平稳，节奏舒缓，唱腔浑厚凝重；西皮旋律起伏较大，节奏紧凑，唱腔明快流畅。京剧伴奏分文场和武场两大类，文场使用胡琴（京胡）、京二胡、月琴、弦子、笛子、唢呐等，以胡琴为主奏乐器；武场以鼓板为主，小锣、大锣次之。京剧的脚色分为生、旦、净、丑、杂、武、流等行当，三行现已不再立专行。各行当内部还有更细的划分，如旦行就有青衣、花旦、刀马旦、武旦、老旦之分。其划分依据除人物的自然属性外，更主要的是看人物的性格特征和创作者对人物的褒贬态度。各行当都有一套表演程式，唱念做打的技艺各具特色。

京剧以历史故事为主要演出内容，传统剧目约有一千三百多个，常演的在三四百个以上，其中《宇宙锋》、《玉堂春》、《长坂坡》、《群英会》、《打渔杀家》、《空城计》、《贵妃醉酒》、《三岔口》、《野猪林》、《一进宫》、《拾玉镯》、《挑华车》、《四进士》、《搜孤救孤》、《霸王别姬》、《四郎探母》等剧本喻户晓，为广大观众所熟知。新中国成立后，京剧改编、移植、创作了一些新的历史和现代题材作品，重要的有《将相和》、《穆桂英挂帅》、《杨门女将》、《海瑞罢官》、《曹操与杨修》、《沙家浜》、《红灯记》、《智取威虎山》、《杜鹃山》、《骆驼祥子》等。

京剧有"京派"和"海派"之分，不同时期出现过许多优秀的演员，如清末的程长庚，余三胜、张二奎、梅巧玲、谭鑫培、孙菊仙、汪桂芬、刘鸿声、田桂凤、余紫云、陈德霖、王瑶卿等，民国年间的余叔岩、言菊朋、高庆奎、马连良、杨宝森、梅兰芳、程砚秋、荀慧生、尚小云、周信芳、金少山等。

京剧流播全国，影响甚广，有"国剧"之称，它走遍世界各地，成为介绍、传播中国传统文化的重要手段。以梅兰芳命名的京剧表演体系已经被视为东方戏剧表演体系的代表，与斯坦尼斯拉夫斯基及布莱希特表演体系并称为世界三大表演体系。京剧是中国民族传统文化的重要表现形式，其中的多种艺术元素被用作中国传统文化的象征符号。但近年来随着社会的变迁，京剧艺术与当代人的审美距离逐渐加大，观众锐减，上演剧目萎缩，如何实现京剧的保护和振兴已成为一个亟待解决的课题。

图 2-12　非物质文化遗产项目"京剧"的申报信息

将上述内容以文本文件的形式保存在本地，通过人工标注的形式，对全部正文文本中的句子进行手工分词标注，从而构建可供机器学习模型训练的标注后数据集。图 2-13 是手工分词标注的文本样例。

```
117_PN　　<ICH-TITLE>京剧<ICH-TITLE/>/n
117_DI　　申报/gnzy 地区/n 或/c 单位/n：/wp <ICH-PLACE>北京市/<ICH-PLACE/>ns ,/wd ,/wd
<ICH-TITLE>京剧<ICH-TITLE/>/n 又/d 称/v <ICH-TERM>平剧<ICH-TERM/>/n 、/wn <ICH-TERM>京戏/n<ICH-TERM/>
,/wd 是/vshi 中国/ns 影响/n 最/d 大/a 的/ude1 戏曲/n 剧种/n ,/wd 分布/vi 地/ude2 以/p
<ICH-PLACE>北京/<ICH-PLACE/>ns 为/p 中心/n ,/wd 遍及/v 全国/n 。/wj 清代/t 乾隆/t 五十五/m 年/qt 起/f
,/wd 原/d 在/p 南方/s 演出/vn 的/ude1 <ICH-TERM>三庆<ICH-TERM/>/n 、/wn <ICH-TERM>四喜<ICH-TERM/>/ng
、/wn <ICH-TERM>春台/n<ICH-TERM/>、/wn <ICH-TERM>和/cc 春<ICH-TERM/>tg 四大/b 徽/b 班/n 陆续/d 进入/v
<ICH-PLACE>北京/<ICH-PLACE/>n ,/wd 他们/rr 与/p <ICH-PLACE>湖北/<ICH-PLACE/>ns 的/ude1 汉/tg
调/v 艺人/n 合作/vn ,/wd 同时/c 接受/v 了/ule <ICH-TERM>昆曲/<ICH-TERM/>n 、/wn
<ICH-TERM>秦腔<ICH-TERM/>/n 的/ude1 部分/n 剧目/n 、/wn 曲调/n 和/cc 表演/vn 方法/n ,/wd 又/d 吸收/v
了/ule 一些/mq 地方/n 民间/n 曲调/n ,/wd 通过/p 不断/d 的/ude1 交流/vn 、/wn 融合/v ,/wd 最终/d
形成/v 京剧/n 。/wj ,/wd 在/p 文学/n 、/wn 表演/vn 、/wn 音乐/n 、/wn 舞台/n 美术/n 等/udeng 各/rz
方面/n ,/wd 京剧/n 都/d 有/vyou 一/m 套/q 规范化/vi 的/ude1 艺术/n 表现/vn 程式/n 。/wj 京剧/n 的/ude1
唱腔/n 属/v 板/n 式/k 变化/vn 体/ng ,/wd 以/p <ICH-TERM>二簧<ICH-TERM/>/n
<ICH-TERM>西皮<ICH-TERM/>/n 为/p 主要/b 声腔/n 。/wj <ICH-TITLE>四平调<ICH-TITLE/>/n 、/wn
<ICH-TITLE>反/vi 四平调<ICH-TITLE/>/n ,/wn <ICH-TITLE>汉/tg 调<ICH-TITLE/>/v 等/udeng 都/d 从/p 属于/v
<ICH-TERM>二簧<ICH-TERM/>/n ,/wd <ICH-TERM>南/b 梆子/n<ICH-TERM/>、/wn <ICH-TERM>娃娃/n 调<ICH-TERM/>/v
则/c 从/p 属于/v 西皮/n 。/wj 二簧/n 旋律/n 平稳/a ,/wd 节奏/n 舒缓/z ,/wd 唱腔/n 浑厚/a 凝重/z ;/wf
西皮/n 旋律/n 起伏/vi 较/d 大/a ,/wd 节奏/n 紧凑/a ,/wd 唱腔/n 明快/a 流畅/a 。/wj
<ICH-TITLE>京剧<ICH-TITLE/>/n 伴奏/vn 分/vn 文/a 场/qv 和/cc 武场/n 两/m 大/a 类/n ,/wd 文场/n 使用/v
<ICH-INST>胡琴/<ICH-INST/>/n （/wkz <ICH-INST>京胡<ICH-INST/>/n ）/wky 、/wn
<ICH-INST>京/b 二胡/n<ICH-INST/>、/wn <ICH-INST>月琴/<ICH-INST/>/n 、/wn <ICH-INST>弦子/<ICH-INST/>nr
、/wd <ICH-INST>笛子/<ICH-INST/>/n 、/wn <ICH-INST>唢呐/<ICH-INST/>/n 等/udeng ,/wd 而/cc 以/p
<ICH-INST>胡琴<ICH-INST/>/n 为主/vi 奏/v 乐器/n ;/wf 武场/n 以/p <ICH-INST>鼓板<ICH-INST/>/n 为主/vi
,/wd <ICH-INST>小锣/<ICH-INST/>/n 、/wn <ICH-INST>大/a 锣<ICH-INST/>/n 次之/vi 。/wj 京剧/n 的/ude1 脚/n
色/ng 分为/v <ICH-TERM>生/<ICH-TERM/>n 、/w <ICH-TERM>旦/<ICH-TERM/>n 、/w <ICH-TERM>净/<ICH-TERM/>n
、/w <ICH-TERM>丑/a<ICH-TERM/>、/w<ICH-TERM>杂/a<ICH-TERM/>、/wn <ICH-TERM>武<ICH-TERM/>/ag 、/wn
<ICH-TERM>流<ICH-TERM/>/v 等/udeng 行当/n ,/wd 后/f 三/m 行/q 现/tg 已/d 不再/d 立/v 专/d 行/vi 。/wj
```

图 2-13　手工分词标注文本样例

对于标注好的数据集,通过编写 Python 代码,即可实现将标注数据集转换为机器学习模型可识别的 token 格式数据。读者既可自行编写,也可直接运行 MakeDataset 文件夹下的 make_dataset.py 脚本实现数据集构建。以下是 make_dataset.py 脚本中部分核心代码的解释。

```python
# 将序列写入 txt 文件,text 为待写入文本/string,path 为待写入文件路径/string
def wry_tags(sentence):

    # 用于存储结果
    temp = []
    for word in sentence:
        text = word.strip()
        # print(text)
        if text:
            try:
                if len(text) == 1:
                    # 若为句号问号则换行
                    if text == "。" or text[0] == "?":
                        temp.append(text + '\t' + 'S' + '-' + 'tag' + '\n\n')
                    else:
                        temp.append(text + '\t' + 'S' + '-' + 'tag' + '\n')
                elif len(text) > 2:
                    temp.append(text[0] + '\t' + 'B' + '-' + 'tag' + '\n')
                    for i in range(1, len(text)-1):
                        temp.append(text[i] + '\t' + 'I' + '-' + 'tag' + '\n')
                    temp.append(text[-1] + '\t' + 'E' + '-' + 'tag' + '\n')
                else:
                    temp.append(text[0] + '\t' + 'B' + '-' + 'tag' + '\n')
                    temp.append(text[-1] + '\t' + 'E' + '-' + 'tag' + '\n')
            except Exception as e:
                print(e)
                raise
    return temp
```

运行代码,即可完成训练集与测试集的构建。为了消除数据集分布不平衡带来的随机误差,上述代码采用了十折交叉的方式,按照 9:1 的比例分别生成了 10 组不同的训练集与测试集。打开 train 和 test 文件夹,其中每一折数据的结构如图 2-14 所示。

1	申→B-tag		1	申→B-tag
2	报→E-tag		2	报→E-tag
3	地→B-tag		3	地→B-tag
4	区→E-tag		4	区→E-tag
5	或→S-tag		5	或→S-tag
6	单→B-tag		6	单→B-tag
7	位→E-tag		7	位→E-tag
8	:→S-tag		8	:→S-tag
9	河→B-tag		9	河→B-tag
10	北→I-tag		10	北→I-tag
11	省→E-tag		11	省→E-tag
12	,→S-tag		12	魏→B-tag
13	左→B-tag		13	县→E-tag
14	各→I-tag		14	,→S-tag
15	庄→I-tag		15	,→S-tag
16	杆→I-tag		16	我→B-tag
17	会→E-tag		17	国→E-tag
18	是→S-tag		18	传→B-tag
19	流→B-tag		19	统→E-tag
20	传→E-tag		20	纺→B-tag
21	于→S-tag		21	织→E-tag
22	河→B-tag		22	技→B-tag
23	北→I-tag		23	艺→E-tag
24	省→E-tag		24	历→B-tag
25	文→B-tag		25	史→E-tag
26	安→E-tag		26	悠→B-tag
27	地→B-tag		27	久→E-tag

图 2-14 训练、测试语料的格式化处理

② 模型训练

首先,在 MakeDataset 文件夹根目录下,编写如下代码,以十折交叉的方式训练非遗文本自动分词模型。

```
import os

os.system('crf_learn template ./train/train0.txt model0')
os.system('crf_learn template ./train/train1.txt model1')
os.system('crf_learn template ./train/train2.txt model2')
os.system('crf_learn template ./train/train3.txt model3')
os.system('crf_learn template ./train/train4.txt model4')
os.system('crf_learn template ./train/train5.txt model5')
os.system('crf_learn template ./train/train6.txt model6')
os.system('crf_learn template ./train/train7.txt model7')
os.system('crf_learn template ./train/train8.txt model8')
os.system('crf_learn template ./train/train9.txt model9')
```

其中，os.system 方法的作用是调用控制台命令行，执行相关指令。template 文件是 CRF 模型的特征模板，此处使用的特征模板如图 2-15 所示。

```
1  # Unigram
2  U00:%x[-2,0]
3  U01:%x[-1,0]
4  U02:%x[0,0]
5  U03:%x[1,0]
6  U04:%x[2,0]
7  U05:%x[-1,0]/%x[0,0]
8  U06:%x[0,0]/%x[1,0]
9
10 # Bigram
11 B
```

图 2-15　特征模板文件格式

运行上述代码，即可在控制台看到训练过程信息提示，如图 2-16 所示。

图 2-16　分词模型训练过程

待训练完成后，将自动在代码所在根目录下生成模型文件，如图 2-17 所示。

名称	类型	大小
model0	文件	15,217 KB
model1	文件	15,120 KB
model2	文件	15,155 KB
model3	文件	15,168 KB
model4	文件	15,207 KB
model5	文件	15,102 KB
model6	文件	15,193 KB
model7	文件	15,047 KB
model8	文件	15,150 KB
model9	文件	15,095 KB

图 2-17　分词模型文件

③ 自动标注

通过调用上一步骤生成的 model 文件,即可完成对 test 文本的自动标注。首先,在 MakeDataset 文件夹根目录下编写如下代码。

```
import os

os.system('crf_test -m model0 ./test/test0.txt > output0.txt')
os.system('crf_test -m model1 ./test/test1.txt > output1.txt')
os.system('crf_test -m model2 ./test/test2.txt > output2.txt')
os.system('crf_test -m model3 ./test/test3.txt > output3.txt')
os.system('crf_test -m model4 ./test/test4.txt > output4.txt')
os.system('crf_test -m model5 ./test/test5.txt > output5.txt')
os.system('crf_test -m model6 ./test/test6.txt > output6.txt')
os.system('crf_test -m model7 ./test/test7.txt > output7.txt')
os.system('crf_test -m model8 ./test/test8.txt > output8.txt')
os.system('crf_test -m model9 ./test/test9.txt > output9.txt')
```

运行上述代码后,系统会调用训练好的分词模型,对 test 文件进行自动分词标注,并生成 output 文件。图 2-18 是 output 文件的示例。

```
1   申    B-tag    B-tag
2   报    E-tag    E-tag
3   地    B-tag    B-tag
4   区    E-tag    E-tag
5   或    S-tag    S-tag
6   单    B-tag    B-tag
7   位    E-tag    E-tag
8   :    S-tag    S-tag
9   河    B-tag    B-tag
10  北    I-tag    I-tag
11  省    E-tag    E-tag
12  魏    B-tag    B-tag
13  县    E-tag    E-tag
14  ,    S-tag    S-tag
15  ,    S-tag    S-tag
16  我    B-tag    B-tag
17  国    E-tag    E-tag
18  传    B-tag    B-tag
19  统    E-tag    E-tag
20  纺    B-tag    B-tag
21  织    E-tag    E-tag
22  技    B-tag    B-tag
23  艺    E-tag    E-tag
24  历    B-tag    B-tag
25  史    E-tag    E-tag
26  悠    B-tag    B-tag
27  久    E-tag    E-tag
```

图 2-18 测试语料格式化处理

其中,第一列是原始待标注的文本,以字符为单位,第二列为转换格式后的人工标注的分词标记,例如 B-tag 表示该字为词语的首字,第三列为调用模型自动标注的分词标记。第二列和第三列分词标记可用于模型性能的测评。

⑤ **性能测评**

为了检测自动分词模型的性能如何,需要对比人工标注的标签与机器自动标注的标签,从而计算精确率(Precision,简称 P 值)、召回率(Recall,简称 R 值)和调和平均值(F1-score,简称 F1 值)三个评价指标,在 MakeDataset 文件夹根目录下,编写以下代码以调用测评工具 conlleval.py 对自动标注结果进行评价指标计算。

```
import os

os.system('python conlleval.py output0.txt > eval0.txt')
os.system('python conlleval.py output1.txt > eval1.txt')
os.system('python conlleval.py output2.txt > eval2.txt')
os.system('python conlleval.py output3.txt > eval3.txt')
os.system('python conlleval.py output4.txt > eval4.txt')
os.system('python conlleval.py output5.txt > eval5.txt')
os.system('python conlleval.py output6.txt > eval6.txt')
os.system('python conlleval.py output7.txt > eval7.txt')
os.system('python conlleval.py output8.txt > eval8.txt')
os.system('python conlleval.py output9.txt > eval9.txt')
```

运行上述代码后,系统自动在程序所在根目录生成评价文件 eval0.txt—eval9.txt,分别对应十折交叉验证的 output 文件。eval 文件的示例如下。

```
processed 151370 tokens with 97403 phrases; found: 97480 phrases; correct: 92574.
accuracy:  95.52%; precision:  94.97%; recall:  95.04%; F1:  95.00
            tag: precision:  94.97%; recall:  95.04%; F1:  95.00  97480
```

测评工具 conlleval.py 为开源测评代码,链接网址如下:https://github.com/spyysalo/conlleval.py。其完整代码文件可在 MakeDataset 文件夹中查看,也可前往上述链接查看官方说明。

课后习题

古代汉语的自动分词对于数字人文下的古籍智能信息处理具有基础支撑作用,因为词频统计、词云绘制、主题知识挖掘、自动分类和聚类等均要基于分词的文本展开相应的探究。请结合本章内容,编写古汉语典籍领域自动分词模型,分别基于 CRF 模型、深度学习模型实现,同时使用《左传》为测试集,输出比较两种分词模型的 P、R、F1 值。

第三章　数字人文下的词性自动标注

词性标注在自然语言处理中起着承上启下的作用,对于数字人文研究同样具有重要意义。词性标注得到的词类知识是词汇计量的基础,同时还可用于事件触发词获取、命名实体识别、知识图谱构建等下游任务。构建古文献词性自动标注模型,可为典籍的知识挖掘、文本分析提供重要支撑,同时也能够在一定程度上消除因分词不准确所产生歧义带来的负面影响,从而实现更高质量的语料加工。本章将介绍基于规则的词性标注模型、基于统计的词性标注模型及基于深度学习的词性标注模型三方面的内容,包括典型的算法及其基于 Python 语言的实现。在深度学习技术不断发展和预训练语言模型不断改进的背景下,本章还将探讨基于古文典籍文本词性自动标注的数字人文研究。同时,本章还将展示基于校验后的高质量《四库全书》全文语料作为训练集而构建的 SikuBERT 预训练语言模型,以及基于 SikuBERT 预训练语言模型搭建的单机版"SIKU-BERT 典籍智能处理系统"的词性标注功能及使用方式。

- 知识要点

词性标注、词例、词型和词条、词类体系、词性标记集、兼类词、未登录词
- 应用系统

古汉语典籍词性自动标注系统

3.1　词性自动标注的基本知识

(1) 词性标注

词性是依据词的语法功能的分类。在自然语言处理中,词类和词性往往混用。词性标注一般指词性的自动标注,就是依据语言学的知识,结合计算机技术,实现对文本中词语词性的标注。准确的词性标注是多音字消歧和多义词消歧、机器翻译、信息检索、词典编纂等后续任务的基础工作[1]。完成词性标注的语句样例如下:"实现/v 祖国/n 的/u 完全/a 统一/vn,/w 是/v 海内外/s 全体/n 中国/ns 人/n 的/u 共同/b 心愿/n。/w","而/c 民/n 皆/d 尽/v 忠/n 以/c 死/vg 君/n 命/n"。

---

① 耿云冬,张逸勤,刘欢,等. 面向数字人文的中国古代典籍词性自动标注研究——以 SikuBERT 预训练模型为例[J].图书馆论坛,2022,42(6):55-63.

(2) 词例、词型和词条

词例(word token)是指在言语中出现的具体的词语。

词型(word type)是指具有相同词汇意义的词例的概括,是语言的词汇中的成员。

词条(dictionary entry)是指词典中的一个条目,通常把有明显语义关系的词型合为一个词条。

词型概括必须以词义为依据。同一个词型可以有多个词例。

(3) 词类体系

词类体系是词类划分的标准,是词性标注的理论基础。一种常见的词类划分标准是依据词具有的语法功能,即它所能占据的语法位置的总和,这意味着词性标注为句法分析服务。一个理想的情况是:收集言语中出现的所有词例并归纳其所属词型,按照每个词型的语法功能划分为若干个词类,做成一部语法词典。假定实词的语法功能为 N 种,每种语法功能的取值为"有"和"无",那么,N 种语法功能最多可区分 2^N 种词类。例如,当 N = 13 时,实词最多可以分为 8192 类,但这种思路的可用性较低。

自《马氏文通》开始[①],汉语词类体系大多参考印欧语言,并结合汉语特点做局部调整。例如增加助词和量词,形成包含名词、代词、动词、形容词、副词、数词、量词、介词、连词、助词、叹词在内的词类体系[②][③]。北大的词类体系进一步从形容词中分出了区别词和状态词,从助词中分出了语气词等等。对于具体词的归类,则往往需要参考词义。目前汉语常见的词类体系主要有两种:

> 一种基于词类多功能说,即词类可以有多种功能,例如动词、形容词和名词,其词类划分不因出现位置的变化而变化,动词、形容词都可以做谓语、补语,也都可以做主宾语。词的语法功能是潜在的,每次只实现它的一种功能,其他功能并非就消失了。这一学说的根据在于,汉语的词在实现其语法功能时没有词形变化,因此不能说不同位置上的词属于不同词类。

> 另一种基于依句辨品说,即词类应依据词在句子中所实现的功能来确定。谓语位置上是动词,主宾语位置上则是名词。这类学说简而言之就是"依句辨品,离句无品"。

(4) 词性标记集

词性标记集是词类体系在词性标注中的具体体现,规定了词类的具体标记,也包括某

---

① 吕叔湘,王海芬.《马氏文通》读本[M].上海:上海教育出版社,2005.
② 黄伯荣,廖序东.现代汉语(上)[M].北京:高等教育出版社,2006.
③ 陈冬灵.浅观汉语词类的划分[J].吉林师范大学学报(人文社会科学版),2011(S1):2.

些凝固短语、词缀标记以及表示标点符号的标记,这些标记就是词性标注时词类划分的依据。几种有影响力的词性标记集有:北京大学计算语言学研究所词性标记集(39 个标记);清华大学计算机系词性标记集(112 个标记);中科院计算所词性标记集(39 个标记);教育部语言文字应用研究所词性标记集(31 个标记);南京农业大学古汉语词性标记集(21 个标记);GB/T 20532-2006《信息处理用现代汉语词类标记规范》(49 个标记)。

(5) 兼类词

简单来说,兼类词就是可划分为多个词类的词。一个词条包含多个词型,且这几个词型的语法功能总和有所区别,这个词条或者跟这个词条写法相同的词例叫作兼类词。对于兼类词的词性标注实际上是一种词性消歧。

(6) 未登录词

未登录词与自动分词中的未登录词概念一致,即没有收录在分词词表中,但是需要被正确切分出来的词。类似于自动分词,词性标注同样需要解决未登录词的问题。对于未登录词的词性标注,可以给定一个开放标记集,如名、动词,然后把未登录词看成一个具有全部开放标记的兼类词,从而将词性标注转化为兼类词消歧问题。

3.2 词性自动标注在数字人文领域的应用

中国典籍文本浩瀚如烟。长期以来,典籍文本的数字化工作是典籍数字人文研究的主要内容。40 余年的典籍数字化进程中积累了大量典籍数字资源,随着计算机技术的发展,典籍的词性自动标注为进一步挖掘典籍中的深层知识打开了突破口。典籍的词性自动标注不仅有利于推动古籍智能整理工作的深入开展,还能为古汉语研究、历史文献与文化研究提供辅助与支撑,同时可以促进古汉语数字化教学[①]。在数字人文领域,词性信息主要应用于语料库构建、语体风格计算与分析、助力汉语分词与命名实体识别、辅助文本的结构化组织与利用等方面。

(1) 作为高质量语料库的构成要素

语料库中的词标注词性是高质量语料库的一个重要标志。袁悦等探究了不同词性标记集对于典籍实体抽取效果的影响,为词性标记集的选择贡献了理论支撑,对于典籍实体识别工作的改善具有指导作用[②]。留金腾等采用自动分词与词性标注并结合人工

---

① 程宁.基于深度学习的古籍文本断句与词法分析一体化处理技术研究[D].南京:南京师范大学,2020.

② 袁悦,王东波,黄水清,等.不同词性标记集在典籍实体抽取上的差异性探究[J].数据分析与知识发现,2019,3(3):57-65.

校正的方法构建了以《淮南子》为文本的上古汉语分词及词性标注语料库①。

(2) 助力汉语言分词与命名实体识别

词性标注对于辅助汉语分词与命名实体识别亦具有积极作用。熊健等提出一种基于分词消歧与词性标注的中文分词方法，该方法首先使用正、逆向最大匹配算法和隐马尔可夫模型完成对文本的分词，得到分词歧义集，然后使用隐马尔可夫模型对文本进行词性标注，词性标注结果用于对分词歧义集进行消歧，该方法有效提高了分词效果②。王姗姗等研究了多维领域知识下的《诗经》自动分词，研究表明，词性特征的加入对CRF模型分词性能具有较大影响，从分词结果看，添加了词性特征的模板，识别了句中的全部叠词，提高了分词效果③。

(3) 为语体风格计算提供支撑

宋旭雯以古文版、白话文版、英文版《左传》和《战国策》为例，基于分词和词性标注信息，分析了上述两部典籍不同文体下的语体特征，对词性分布的研究表明，《左传》和《战国策》在名词、动词、副词、代词、数词、形容词和量词占比方面具有较高的一致性，然而在虚词的词性占比方面，两部典籍并未保持一致④。刘浏基于25部先秦典籍文本的分词和词性标注结果，使用 TF-IDF、向量相似度计算、朴素贝叶斯分类器等算法，进行了先秦文本时代特征词的判定研究⑤。

(4) 辅助文本的结构化组织与利用

陈诗等将词性信息融入 Bi-LSTM-CRF 模型，用于对典籍的人称指代进行消解，有效提高了人称指代消解的效果⑥。李斌等在对《左传》进行分词与词性标注的基础上，构建了《左传》知识库，并以人物为中心进行了系列探究⑦。常博林等结合分词与词性标注的方法，构建了《资治通鉴·周秦汉纪》知识库，并搭建了检索系统，提供了含"词

---

① 留金腾,宋彦,夏飞.上古汉语分词及词性标注语料库的构建——以《淮南子》为范例[J].中文信息学报,2013,27(6):6-15.

② 熊健,翟紫姹.基于词性标注与分词消歧的中文分词方法[J].广州大学学报(自然科学版),2019,18(5):27-33.

③ 王姗姗,王东波,黄水清,等.多维领域知识下的《诗经》自动分词研究[J].情报学报,2018,37(2):183-193.

④ 宋旭雯.汉语文章传统的语言特征和风格特征[D].南京:南京农业大学,2021.

⑤ 刘浏.汉语词语时代特征的自动获取和应用研究[D].南京:南京师范大学,2014.

⑥ 陈诗,王东波,黄水清.数字人文下的典籍人称代词指代消解研究[J].情报理论与实践,2021,44(10):165-172.

⑦ 李斌,王璐,陈小荷,等.数字人文视域下的古文献文本标注与可视化研究——以《左传》知识库为例[J].大学图书馆学报,2020,38(5):72-80+90.

性检索"在内的多维度检索入口①。

3.3 古文词性自动标注的方法

基于传统机器学习的词性标注方法和基于深度学习的词性标注方法是常用的主要方法。

(1) 基于传统机器学习的词性标注方法

隐马尔可夫模型(HMM)、条件随机场模型(CRF)是经典的基于传统机器学习的词性标注方法,被广泛用于词性标注任务。这些模型可以使用具有词性标注信息的大型语料库进行训练,相关代码存储于本书 GitHub 仓库的第三章。

① 隐马尔可夫模型(HMM)

隐马尔可夫模型(HMM)②是自然语言处理(NLP)中一个较为基础的模型,被广泛应用于分词、词性和实体的标注和识别。HMM 中有两个重要概念——状态和观测值。在词性标注中,词性对应状态,词语序列对应观测值,自动标注的过程就是用观测值预测隐藏状态的过程。

② 条件随机场模型(CRF)

由 Lafferty 等人于 2001 年提出的条件随机场模型(Conditional Random Fields)③④在自然语言处理的线性任务上获得了较大的成功。CRF 是一个无向图模型,具体呈现如图 3-1。

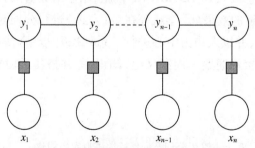

图 3-1 线性链条件随机场模型架构

---

① 常博林,万晨,李斌,等.基于词和实体标注的古籍数字人文知识库的构建与应用——以《资治通鉴·周秦汉纪》为例[J].图书情报工作,2021,65(22):134-142.

② Rabiner, L., Juang, B. An introduction to hidden Markov models[J]. *ieee assp magazine*, 1986, 3(1): 4-16.

③ Lafferty, J. D., McCallum, A., Pereira, F. C. N. Conditional Random Fields: Probabilistic Models for Segmenting and Labeling Sequence Data[C]//*Proceedings of the Eighteenth International Conference on Machine Learning*. 2001: 282-289.

④ Sha, F., Pereira, F. Shallow parsing with conditional random fields[C]//*Proceedings of the 2003 Human Language Technology Conference of the North American Chapter of the Association for Computational Linguistics*, 2003: 213-220.

线性条件随机场的定义如下：

$$p(y\mid x)=\frac{1}{Z(x)}\prod_{t=1}^{T}\exp\{\sum_{k=1}^{K}w_kf_k(y_{t-1},y_t,x_t)\} \quad (3-1)$$

其中，Z(x)为归一化函数：

$$Z(x)=\sum_{y}\prod_{t=1}^{T}\exp\{\sum_{k=1}^{K}w_kf_k(y_{t-1},y_t,x_t)\} \quad (3-2)$$

CRF模型可以融入不同的字、词、短语、句子和段落的特征知识，从而有助于所构建相应模型性能的提升。

a) 基于CRF的古文词性自动标注语料的预处理

首先确定用于词性标注的词性标记集合。实验语料为古文语料，故选取面向古文词性标注任务的南京农业大学古汉语词性标记集。研究表明，南京农业大学古汉语词性标记集更适用于古文词性标注任务①。原始语料需经严格分词与词性标注保证数据质量，以获得更好的训练效果，从而为后续研究提供较强的保障。

标注样例如下：

帝/n 高阳/nr 之/u 苗裔/n 兮/y ，/w 朕/r 皇考/n 曰/v 伯庸/nr 。/w

接着，将实验语料转换成两列的格式，见表3-1，左边一列为观测序列，即词；右边一列为词对应的词性。

表3-1 实验语料样例

观测序列	Tags	观测序列	Tags
高阳	n	朕	r
之	nr	皇考	n
苗裔	n	曰	v
兮	n	伯庸	nr
，	w	。	w

最后，以随机的方式将数据集分为十份，其中九份作为训练集，一份为测试集，并使用十折交叉验证（10-fold cross-validation）的方法，轮流将十份数据中的九份作为训练数据，增强实验的准确性，减小随机因素对实验结果的干扰。

b) 编辑模板文件

本教程基于CRF++-0.58展开。由于现有的CRF++工具已经封装得较为完善，因此在我们利用CRF进行实验时，可以仅通过修改特征模板template文件以完善实验。

---

① 袁悦,王东波,黄水清,等.不同词性标记集在典籍实体抽取上的差异性探究[J].数据分析与知识发现,2019,3(3):57-65.

```
# Unigram
U00:%x[-2,0]    # 表示观察当前字与该词前两个字的关系
U01:%x[-1,0]    # 表示观察当前字与该词前一个字的关系
U02:%x[0,0]
U03:%x[1,0]     # 表示观察当前字与该词后一个字的关系
U04:%x[2,0]     # 表示观察当前字与该词后两个字的关系
U05:%x[-1,0]/%x[0,0]
U06:%x[0,0]/%x[1,0]
# Bigram
```

c）训练、测试与评估

训练

crf_learn template train0.txt model1 > time1.log #用 template 训练出模型 model1

测试

crf_test -m model1 test0.txt > output.txt
用 model1 对测试模型进行序列标注,保存在文件 output.txt 中

评估

python conlleval.py < output.txt   # 测试训练的模型效果(P、R、F 值)

采用精确率 P、召回率 R 和调和平均值 F1 作为模型分词效果的评测指标,三种指标的计算方法见下表 3-2 至表 3-5：

表 3-2　PRF 指标计算示意

真实情况	预测结果	
	Positive	Negative
Positive	True Positive(TP)	True Negative(TN)
Negative	False Positive(FP)	False Negative(FN)

$$P = \frac{TP}{TP+FP} \times 100\% \qquad (3-3)$$

$$R = \frac{TP}{TP+FN} \times 100\% \qquad (3-4)$$

$$F1 = \frac{2 \times P \times R}{P+R} \times 100\% \qquad (3-5)$$

精确率和召回率分别体现了模型分词的精确程度和全面程度。精确率和召回率之

间具有互逆关系[①],调和平均值是将精确率和召回率结合在一起的替代性指标,能更为客观地评价分词结果,是实验中关键的评价指标。

于控制台输入相应指令后,模型即开始训练、测试与评估,待模型训练结束,即可在模型保存路径看到训练好的模型文件,可在控制台看到验证集中词性标注的精确率、召回率与调和平均值。词性标注测试结果见图3-2。

```
processed 4983 tokens with 3162 phrases; found: 3062 phrases; correct: 2568.
accuracy:  82.06%; precision:  83.87%; recall:  81.21%; FB1:  82.52
             L/xu: precision: 100.00%; recall: 100.00%; FB1: 100.00  1
               Mg: precision:   0.00%; recall:   0.00%; FB1:   0.00  0
                a: precision:  77.91%; recall:  65.05%; FB1:  70.90  86
               ad: precision:  75.00%; recall:  50.00%; FB1:  60.00  20
               ag: precision:   0.00%; recall:   0.00%; FB1:   0.00  0
               an: precision: 100.00%; recall:  90.00%; FB1:  94.74  9
                b: precision:  92.31%; recall:  63.16%; FB1:  75.00  26
                c: precision:  91.67%; recall:  84.62%; FB1:  88.00  60
               cc: precision:  90.62%; recall:  90.62%; FB1:  90.62  32
                d: precision:  81.70%; recall:  76.22%; FB1:  78.86  153
               dg: precision:   0.00%; recall:   0.00%; FB1:   0.00  0
               dl: precision:   0.00%; recall:   0.00%; FB1:   0.00  0
                f: precision:  92.00%; recall:  88.46%; FB1:  90.20  50
                k: precision: 100.00%; recall:  85.71%; FB1:  92.31  6
                m: precision:  83.16%; recall:  74.53%; FB1:  78.61  95
               mq: precision:  50.00%; recall:  50.00%; FB1:  50.00  2
                n: precision:  79.14%; recall:  87.01%; FB1:  82.89  863
               ng: precision:  90.91%; recall:  58.82%; FB1:  71.43  22
               nl: precision:  66.67%; recall:  50.00%; FB1:  57.14  3
               nn: precision:   0.00%; recall:   0.00%; FB1:   0.00  0
              nr1: precision:  95.45%; recall:  84.00%; FB1:  89.36  22
              nr2: precision:  90.91%; recall:  71.43%; FB1:  80.00  22
              nrf: precision:   0.00%; recall:   0.00%; FB1:   0.00  1
              nrj: precision: 100.00%; recall: 100.00%; FB1: 100.00  1
               ns: precision:  76.19%; recall:  84.21%; FB1:  80.00  21
              nsf: precision: 100.00%; recall:  44.44%; FB1:  61.54  4
               nt: precision: 100.00%; recall: 100.00%; FB1: 100.00  2
               nz: precision: 100.00%; recall:  50.00%; FB1:  66.67  1
                o: precision:   0.00%; recall:   0.00%; FB1:   0.00  0
                p: precision:  90.48%; recall:  80.00%; FB1:  84.92  84
              pba: precision:   0.00%; recall:   0.00%; FB1:   0.00  0
             pbei: precision: 100.00%; recall: 100.00%; FB1: 100.00  4
                q: precision:  71.05%; recall:  69.23%; FB1:  70.13  38
               qt: precision: 100.00%; recall:  50.00%; FB1:  66.67  3
               qv: precision: 100.00%; recall:  40.00%; FB1:  57.14  6
                r: precision: 100.00%; recall:  66.67%; FB1:  80.00  4
               rr: precision:  85.71%; recall:  54.55%; FB1:  66.67  7
               ry: precision:   0.00%; recall:   0.00%; FB1:   0.00  0
              ryv: precision:  75.00%; recall:  75.00%; FB1:  75.00  4
               rz: precision:  93.75%; recall:  65.22%; FB1:  76.92  16
              rzs: precision: 100.00%; recall: 100.00%; FB1: 100.00  2
              rzt: precision:   0.00%; recall:   0.00%; FB1:   0.00  0
              rzv: precision: 100.00%; recall:  45.45%; FB1:  62.50  5
                s: precision: 100.00%; recall:  66.67%; FB1:  80.00  4
                t: precision:  86.49%; recall:  71.11%; FB1:  78.05  37
               tg: precision:   0.00%; recall:   0.00%; FB1:   0.00  0
             udel: precision:  98.97%; recall: 100.00%; FB1:  99.48  97
```

图3-2 词性标注测试结果

[①] 苏新宁.信息检索理论与技术[M].北京:科学技术文献出版社,2004.

(2) 基于深度学习的词性自动标注方法

① LSTM 模型

a) 模型简介

LSTM[①] 模型基本结构由输入门、忘记门、输出门三种门结构组成,通过门结构让信息进行选择性通过,实现所需信息的记忆和其他信息的遗忘。LSTM 模型的结构如图 3-3 所示,不同于 RNN 结构隐层中只有简单的单个 $tanh$ 层,LSTM 每个循环模块中有四层结构:3 个 $sigmoid$ 层,1 个 $tanh$ 层。LSTM 中还存在其他隐藏状态,一般称之为细胞状态(cell state),记为 Ct,呈水平直线贯穿隐藏层,是 LSTM 的关键环节,线性交互较少,易于保存信息。细胞状态无法选择性传递信息,更新和保持细胞状态需要借助门结构(gate)来实现,门结构由一个 $sigmoid$ 层和一个逐点乘积的操作组成。LSTM 通过忘记门、输入门、输出门三种门结构实现对细胞信息的增加和删除。

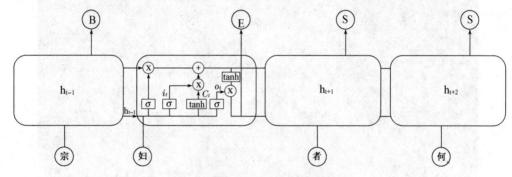

图 3-3　LSTM 模型基本架构

在使用 LSTM 进行实验时,LSTM 对数据集的依赖较大,即模型的训练效果与数据集的大小以及质量有很大的关系,并且 LSTM 不能对未来上下文信息进行分析,例如在给"宗"进行标注时,不能考虑到"妇"及之后的上下文信息,因此具有局限性。与此同时,CRF 使标签标注不仅考虑前文信息,并且受未来状态影响。因此面对具体的任务时,常将 CRF 引入 LSTM 中,构成 LSTM-CRF 模型,即将线性统计模型与神经网络相结合,输出最佳标注序列,见图 3-4。LSTM 与 CRF 之间还需要一个转移矩阵 A,设 P 为 LSTM 的输出矩阵,Ai,j 为从 i 状态转移到 j 状态的概率,标签序列 y 的输出为:

$$s(X,y) = \sum_{i=1}^{n}(A_{y_i,j} + P_{i,y_i})$$

[①] Hochreiter, S., Schmidhuber, J. Long short-term memory[J]. *Neural computation*, 1997, 9 (8): 1735-1780.

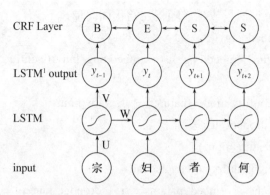

图 3-4 LSTM-CRF 模型的架构

b）模型关键代码说明

train.py 文件：模型训练的主要程序

```
import yaml, time, os, sys
from datapreprocess import vocab_build, read_dictionary, embedding_build, init_data
from model import MF_SequenceLabelingModel

def main(arvg):
    #1.加载配置文件
    with open('./config.yml',encoding = 'utf-8') as file_config:
        config = yaml.load(file_config)
        config['data_params']['label2id'] = \
            dict(zip(config['data_params']['label2id'], range(len(config['data_params']['label2id'])))))

        config['data_params']['path_train'] = arvg[1]
        config['data_params']['path_test'] = arvg[2]
        timestamp = str(int(time.time()))
        output_path = os.path.join('.', config['model_params']['path_save'], timestamp)

print('配置文件加载成功')

    #2.生成特征词典
    print('生成特征词典')
    vocab_build(config, output_path)
```

```python
#3.加载预训练词向量或生成随机初始化词向量
print('加载 embedding')
fea2id_list, feature_embedding_list = embedding_build(config, output_path)

feature_num = config['model_params']['feature_nums']
feature_weight_dropout_list = []
for i in range(feature_num):
    feature_weight_dropout_list.append(config['model_params']['embed_params'][i]['dropout_rate'])

#4.加载标签 2id
label2id = config['data_params']['label2id']
num_class = len(label2id)
print(label2id)

#5.读取模型参数
batch_size = config['model_params']['batch_size']
epoch_num = config['model_params']['epoch_num']
max_patience = config['model_params']['max_patience'] #early stop

num_layers = config['model_params']['num_layers']
rnn_unit = config['model_params']['rnn_unit']#rnn 类型
hidden_dim = config['model_params']['hidden_dim']#rnn 单元数
dropout = config['model_params']['dropout_rate']
optimizer = config['model_params']['optimizer']
lr = config['model_params']['learning_rate']

clip = config['model_params']['clip']

use_crf = config['model_params']['use_crf']
is_attention = config['model_params']['is_attention']

#6.数据初始化
print('数据初始化')
fr = open(config['data_params']['path_train'], encoding='utf-8')
sentences = fr.read().strip().split('\n\n')
```

```python
    train_data = init_data(feature_num, sentences, fea2id_list, label2id)
    fr = open(config['data_params']['path_test'], encoding='utf-8')
    sentences = fr.read().strip().split('\n\n')
    test_data = init_data(feature_num, sentences, fea2id_list, label2id)
    #7.模型初始化
    print('创建模型')
    model = MF_SequenceLabelingModel(feature_embedding_list, feature_num,
feature_weight_dropout_list, fea2id_list, label2id, num_class,
                    batch_size, epoch_num, max_patience, num_layers, rnn_unit, hidden_dim,
                    dropout, optimizer, lr, clip, use_crf, output_path, is_attention, config)

    #8.模型训练
    print('训练开始')
    model.train(train_data, test_data)

if __name__ == '__main__':
    main(sys.argv)
```

测试模型训练效果:test.py

```python
import yaml, os
from datapreprocess import embedding_load, init_data
from model import MF_SequenceLabelingModel

#1.加载配置文件
with open('./config.yml', encoding='utf-8') as file_config:
    config = yaml.load(file_config)
    config['data_params']['label2id'] = \
        dict(zip(config['data_params']['label2id'], range(len(config['data_params']['label2id'])))))
print('配置文件加载成功')
model_restore_path = os.path.join('.', config['model_params']['model_restore_path'])
```

```python
# 2. 加载词向量
print('加载embedding')
fea2id_list, feature_embedding_list = embedding_load(config, model_restore_path)

feature_num = config['model_params']['feature_nums']
feature_weight_dropout_list = []
for i in range(feature_num):
    feature_weight_dropout_list.append(config['model_params']['embed_params'][i]['dropout_rate'])

# 3. 加载标签2id
label2id = config['data_params']['label2id']
num_class = len(label2id)

# 4. 读取模型参数
batch_size = config['model_params']['batch_size']
epoch_num = config['model_params']['epoch_num']
max_patience = config['model_params']['max_patience']  #early stop

num_layers = config['model_params']['num_layers']
rnn_unit = config['model_params']['rnn_unit']              # rnn 类型
hidden_dim = config['model_params']['hidden_dim']    # rnn 单元数

dropout = config['model_params']['dropout_rate']
optimizer = config['model_params']['optimizer']
lr = config['model_params']['learning_rate']

clip = config['model_params']['clip']

use_crf = config['model_params']['use_crf']
is_attention = config['model_params']['is_attention']

# 5. 数据初始化
print('数据初始化')
fr = open(config['data_params']['path_test'], encoding='utf-8')
sentences = fr.read().strip().split('\n\n')
```

```
data = init_data(feature_num, sentences, fea2id_list, label2id)

# 6.模型初始化
print('创建模型')
model = MF_SequenceLabelingModel(feature_embedding_list, feature_num, feature_weight_dropout_list, fea2id_list,
            label2id, num_class,
            batch_size, epoch_num, max_patience, num_layers, rnn_unit, hidden_dim,
            dropout, optimizer, lr, clip, use_crf, model_restore_path, is_attention, config)

# 7.模型训练结果评估
print('预测开始')
acc, p, r, f1 = model.test(data, out2file = True)
print(acc, p, r, f1)
```

配置文件 config.yml

```yaml
model: POS Tagging
model_params:
    hidden_dim: 256
    batch_size: 32
    is_attention: False

    epoch_num: 7
    max_patience: 10      # earlystop 参数
    char_embed: True
    num_layers: 2         # bilstm 层数
    feature_nums: 1       # 特征列数,最后一列标签不算
    embed_params:
    # 每一列特征的参数
    -   dropout_rate: 1
        dimension: 200
        pre_train: False
        path: 'classical_vec.txt'
```

```
        use_crf: False                      # 最后是否有 crf 层
        rnn_unit: 'lstm'                    # 'lstm' or 'gru'
        optimizer: 'Adam'
        learning_rate: 0.001
        clip: 5

        dropout_rate: 1
        path_save: 'modeloutput/segment_new'         # 训练模型的存储路径
        model_restore_path: 'modeloutput/segment_new/1620815066'

data_params:
    feature_params:
    -   min_count: 1
        voc_name: 'f1_dic.pkl'
        embed_name: 'f1_embed.pkl'


    label2id:
        ['n','nr','w','ns']    # 标签集合,根据选用的词性标记集合,在此 list 中填入
全部的词性标记。


    path_test: 'data/segment/test0.txt'
```

c) 训练指令说明

训练指令

首先应激活深度学习环境;

```
source activate public_env    # public_env 为环境名
```

再切换到 LSTM 模型所在文件夹路径;

```
cdlstm_model       # lstm_model 为 bert 模型所在文件夹路径
```

输入指令,这一步将以 train.txt 为训练集,test.txt 为测试集,测试模型训练的效果;

```
python train.py data/train.txt data/test.txt
```

然后打开 config.yml,将 model_restore_path 修改为最新的训练后生成的模型存放路径(你可以找修改时间最晚的那个文件夹,作为路径放入,这就是你刚刚训练的模型了)。然后将 path_test 设置为 data/test.txt,作为测试集,测试模型的效果。(现我们测试集和训练集用了同一个数据集,但严格来说应使用测试集和训练集两个不同的数据集。为简化实验流程,故在此使用相同的数据集),最后输入指令评估模型效果。

```
python test.py
```

② BERT 模型

a）模型简介

BERT 模型（Bidirectional Encoder Representation from Transformers）[①]是一种基于 Transformer 技术的双向编码表示模型，Transformer 编码器可以更准确地将人类可读的自然语言转换成机器可识别的形态，从而提高计算机"理解"自然语言的效果。BERT 模型基本架构见图3-5。相较于 word2vec 和 ELMo，BERT 更具优越性，原因在于它通过大量的编码层增强了字嵌入模型的泛化能力，是深层次的双向训练语言模型。

BERT 模型在预训练阶段利用 Transformer 的双向编码器，根据上下文双向转换解码。同 RNN 模型相比，Transformer 具有并行化处理功能，为了实现双向理解，使用掩码语言模型（Masked Language Model）遮盖部分词语，在训练过程中对这些词语进行预测，并利用下一句预测任务（Next Sentence Prediction），使模型学习两个句子之间的关系。在使用 BERT 基于大规模语料完成无监督的预训练后，再基于有监督的训练语料对模型进行有监督的微调，使其能够应用到各种任务中。

预训练语言模型已经在英语和现代汉语文本上极大地提升了文本挖掘的精度，目前亟须专门面向古文自动处理领域的预训练模型。本章以 SikuBERT 预训练语言模型展开说明。SikuBERT 是以校验后的高质量《四库全书》全文语料作为训练集，基于 BERT 深度语言模型框架继续训练构建出的面向古文智能处理任务的预训练语言模型。

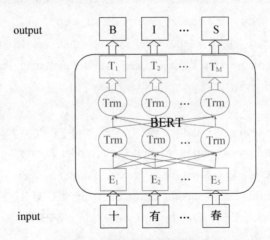

图3-5　BERT 模型基本架构

b）模型关键代码说明

在应用 BERT 模型前，需从 GitHub 上下载并准备好适用于中文自然语言基础处理任务的预训练语言模型，如 bert-base-chinese，或 SikuBERT。下面对适用于命名实体识

[①] Devlin, J., Chang, M. W., Lee, K., et al. Bert: Pre-training of deep bidirectional transformers for language understanding[J]. *arXiv preprint arXiv:1810.04805*, 2018.

别任务的 BERT 模型代码中的关键部分进行解释说明,本部分代码基于 GitHub 开源项目 https://github.com/kamalkraj/BERT-NER 改写而来。

bert.py 文件:BERT 模型的定义

```python
"""BERT NER Inference."""

from __future__ import absolute_import, division, print_function
import json
import os
import torch
import torch.nn.functional as F
from nltk import word_tokenize
from pytorch_pretrained_bert.modeling import (CONFIG_NAME, WEIGHTS_NAME,
                    BertConfig,
                    BertForTokenClassification)
from pytorch_pretrained_bert.tokenization import BertTokenizer

class Ner:
    def __init__(self, model_dir: str):
        self.model, self.tokenizer, self.model_config = self.load_model(model_dir)
        self.label_map = self.model_config["label_map"]
        self.max_seq_length = self.model_config["max_seq_length"]
        self.label_map = {int(k):v for k,v in self.label_map.items()}
        self.model.eval()

    def load_model(self, model_dir: str, model_config: str = "model_config.json"):
        model_config = os.path.join(model_dir, model_config)
        model_config = json.load(open(model_config))
        output_config_file = os.path.join(model_dir, CONFIG_NAME)
        output_model_file = os.path.join(model_dir, WEIGHTS_NAME)
        config = BertConfig(output_config_file)
        model = BertForTokenClassification(config, num_labels = model_config["num_labels"])
        model.load_state_dict(torch.load(output_model_file))
        tokenizer = BertTokenizer.from_pretrained(model_config["bert_model"], do_lower_case = False)
        return model, tokenizer, model_config
```

```python
def tokenize(self, text: str):
    """ tokenize input"""
    words = word_tokenize(text)
    tokens = []
    valid_positions = []
    for i, word in enumerate(words):
        token = self.tokenizer.tokenize(word)
        tokens.extend(token)
        for i in range(len(token)):
            if i == 0:
                valid_positions.append(1)
            else:
                valid_positions.append(0)
    return tokens, valid_positions

def preprocess(self, text: str):
    """ preprocess """
    tokens, valid_positions = self.tokenize(text)
    tokens.insert(0, "[CLS]")
    tokens.append("[SEP]")
    segment_ids = []
    for i in range(len(tokens)):
        segment_ids.append(0)
    input_ids = self.tokenizer.convert_tokens_to_ids(tokens)
    input_mask = [1] * len(input_ids)
    while len(input_ids) < self.max_seq_length:
        input_ids.append(0)
        input_mask.append(0)
        segment_ids.append(0)
    return input_ids, input_mask, segment_ids, valid_positions

def predict(self, text: str):
    input_ids, input_mask, segment_ids, valid_positions = self.preprocess(text)
    input_ids = torch.tensor([input_ids], dtype=torch.long)
    input_mask = torch.tensor([input_mask], dtype=torch.long)
```

```python
            segment_ids = torch.tensor([segment_ids], dtype = torch.long)
            with torch.no_grad():
                logits = self.model(input_ids, segment_ids, input_mask)
            logits = F.softmax(logits, dim = 2)
            logits_label = torch.argmax(logits, dim = 2)
            logits_label = logits_label.detach().cpu().numpy()
            # import ipdb; ipdb.set_trace()
            logits_confidence = [values[label].item() for values, label in zip(logits[0], logits_label[0])]

            logits_label = [logits_label[0][index] for index, i in enumerate(input_mask[0]) if i.item() == 1]
            logits_label.pop(0)
            logits_label.pop()

            assert len(logits_label) == len(valid_positions)
            labels = []
            for valid, label in zip(valid_positions, logits_label):
                if valid:
                    labels.append(self.label_map[label])
            words = word_tokenize(text)
            assert len(labels) == len(words)
            output = [ word: {"tag": label, "confidence": confidence} for word, label, confidence in zip(words, labels, logits_confidence)]
            return output
```

在 run_ner.py 文件中存在基类 DataProcessor 类,该类定义了读取文件的静态方法_read_tsv,分别获取训练集、验证集、测试集和标签的方法。

```python
class DataProcessor(object):
"""Base class for data converters for sequence classification data sets."""

    def get_train_examples(self, data_dir):
        """Gets a collection of 'InputExample's for the train set."""
        raise NotImplementedError()

    def get_dev_examples(self, data_dir):
```

```
        """Gets a collection of 'InputExample's for the dev set."""
        raise NotImplementedError( )

    def get_labels( self):    # 获取标签集
        """Gets the list of labels for this data set."""
        raise NotImplementedError( )

    @classmethod
    def _read_tsv( cls, input_file, quotechar = None):    # 读取文件的静态方法
        """Reads a tab separated value file."""
        return readfile( input_file)
```

接下来我们仿照基类定义自己的数据处理的类。在本次任务中我们将我们的类命名为 NerProcessor。包含的方法就是读取训练集、验证集、测试集和标签。在这里标签就是一个列表,将我们的类别标签放入就行。训练集、验证集和测试集都是返回一个 InputExample 对象的列表。

```
class NerProcessor( DataProcessor):
    """Processor for the data set."""
    def get_train_examples( self, data_dir):    # 获取训练集
        """See base class."""
        return self._create_examples(
            self._read_tsv( os.path.join( data_dir, "train.txt")), "train")

    def get_dev_examples( self, data_dir):    # 获取验证集
        """See base class."""
        return self._create_examples(
            self._read_tsv( os.path.join( data_dir, "dev.txt")), "dev")

    def get_test_examples( self, data_dir):    # 获取测试集
        """See base class."""
        return self._create_examples(
            self._read_tsv( os.path.join( data_dir, "test.txt")), "test")

    def get_labels( self):    # 获取标签集
        return LABELS
```

```
    def _create_examples(self,lines,set_type):    # 返回 InputExample 对象
        examples = []
        for i,(sentence,label) in enumerate(lines):
            guid = "%s-%s" % (set_type, i)
            text_a = ' '.join(sentence)
            text_b = None
            label = label
            examples.append(InputExample(guid = guid, text_a = text_a, text_b = text_b, label = label))
        return examples
```

InputExample 是 run_ner.py 中定义的一个类,代码如下:

```
class InputExample(object):
    """A single training/test example for simple sequence classification."""
    def __init__(self, guid, text_a, text_b = None, label = None):
        self.guid = guid
        self.text_a = text_a
        self.text_b = text_b
        self.label = label
```

从上面的自定义数据处理类中可以看出,训练集和验证集是保存在不同文件中的,因此我们需要将我们之前预处理好的数据提前分割成训练集和验证集,并存放在同一个文件夹下面,文件的名称要和类中方法里的名称相同。

我们已经准备好数据集,并定义好了数据处理类,此时需要将我们的数据处理类加入 run_ner.py 文件中的 main 函数下面的 processors 字典中,至此模型已准备完善。

```
def main():
    processors = {"ner":NerProcessor}
```

c)基于 BERT 模型的古文词性自动标注语料的预处理

首先,确定用于词性标注的词性标记集合。实验语料为古文语料,故选取面向古文词性标注任务的南京农业大学古汉语词性标记集。研究表明,南京农业大学古汉语词性标记集更适用于古文词性标注任务[1]。原始语料需经过严格分词与词性标注来保证数据质量,以获得更好的训练效果,从而为后续研究提供较强的保障。

标注样例如下:

帝/n 高阳/nr 之/u 苗/n 裔/n 兮/y,/w 朕/r 皇考/n 曰/v 伯庸/nr。/w

---

[1] 袁悦,王东波,黄水清,等. 不同词性标记集在典籍实体抽取上的差异性探究[J]. 数据分析与知识发现,2019,3(3):57-65.

然后，基于上述分词和词性标记的结果，将已完成分词和词性标记的语料转换成 BERT 模型可以识别的格式，具体如下：采用四词位标注集{B,M,E,S}给已分词的语料中的字符加上标签，其中标签 B 代表词首字，标签 M 代表词中间字，标签 E 代表词末尾字，标签 S 代表独立成词的单字。这么做的原因是 BERT 模型在处理文本时是以单个字符为单位，而不是以一个词为单位，这点与使用 CRF 模型进行词性标注的过程有所区别。因此，中文的词必须拆开成单字输入模型。为使得 BERT 在训练时学习到词的信息，故采用四词位标注集{B,M,E,S}，并结合词性标记对句子中的每个字符进行标记（该语料预处理方案和模型使用方式事实上可以同时完成分词与词性标注两个任务）。最终实验语料样例如表 3-3 所示：

表 3-3 实验语料样例

观测序列	Tags	观测序列	Tags
帝	S-n	朕	S-r
高	B-nr	皇	B-n
阳	E-nr	考	E-n
之	S-u	曰	S-v
苗	S-n	伯	B-nr
裔	S-n	庸	E-nr
兮	S-y	。	S-w
，	S-w		

以随机的顺序将数据集分为十份，其中九份作为训练集，一份为测试集，并使用十折交叉验证的方法，增大数据集，轮流将十份数据其中九份作为训练数据，以增强实验的准确性，减小随机因素的干扰。

d) 标签设置与模型参数设置

1. 标签设置

按需求修改 setting.py 里的类别，确保每个训练标签均存储于 setting.py 文件内。

LABELS = ["X","O",'B-nr', 'M-nr', 'E-nr', 'S-nr', 'B-n', 'M-n', 'E-n', 'S-n', 'B-w', 'M-w', 'E-w', 'S-w', 'B-ns', 'M-ns', 'E-ns', 'S-ns', 'B-u', 'M-u', 'E-u', 'S-u', 'B-v', 'M-v', 'E-v', 'S-v', 'B-p', 'M-p', 'E-p', 'S-p', 'B-nx', 'M-nx', 'E-nx', 'S-nx', 'B-d', 'M-d', 'E-d', 'S-d', 'B-r', 'M-r', 'E-r', 'S-r', 'B-a', 'M-a', 'E-a', 'S-a', 'B-c', 'M-c', 'E-c', 'S-c', 'B-t', 'M-t', 'E-t', 'S-t', 'B-m', 'M-m', 'E-m', 'S-m', 'B-q', 'M-q', 'E-q', 'S-q', 'B-y', 'M-y', 'E-y', 'S-y', 'B-j', 'M-j', 'E-j', 'S-j', 'B-nc', 'M-nc', 'E-nc', 'S-nc', 'B-nrx', 'M-nrx', 'E-nrx', 'S-nrx', 'B-f', 'M-f', 'E-f', 'S-f', 'B-gv', 'M-gv', 'E-gv', 'S-gv', 'B-i', 'M-i', 'E-i', 'S-', 'S-i', "[CLS]", "[SEP]"]

[CLS]与[SEP]是模型需要的有特殊作用的标志位,需保留,无须修改。

2. 模型参数设置

在 run.sh 文件中修改模型参数以获取更好的训练效果。

```
CUDA_VISIBLE_DEVICES =1 #指定训练 GPU
nohup #不挂断运行,以便在注销后命令可以在后台继续运行
python run_ner.py #运行训练程序
data_dir = train_data/data_0/ \#存放训练语料的文件夹路径
--bert_model = pretrain_models/siku_roberta/ \    # 预训练模型选择
--task_name = ner \    # 任务名,即我们定义的数据处理类的键
--output_dir = output/data \    # 存放输出文件的路径
--max_seq_length = 128 \    # 最大输入序列长度
--do_train   --eval_batch_size = 64    --train_batch_size = 64    # 每批次训练数据量大小
--num_train_epochs 10 \    # 迭代次数
--do_eval --warmup_proportion = 0.4    # 预热学习率
> logout.log 2 >&l & echo $!    # 输出日志信息到文件 logout.log
```

由于 BERT 模型在运行过程中对算力要求较高,加载时需要较大的内存。因此,如果出现内存溢出(CUDA outofmemory)的问题,可以适当降低 batch_size 的值。程序运行过程中可以在日志文件的存放路径中打开日志文件 logout.log,以查看模型训练情况。

除内存溢出外,另一个常见的导致模型训练中止的原因为 KeyError,见图 3-6,导致该错误发生的主要原因包括:1)训练集、测试集或验证集中存在 setting.py 中未声明的标签。解决方法是在 setting.py 文件中的 LABELS = [ ]集合中增添缺失的标签。2)使用的实验语料为简体语料。SikuBERT 模型是基于 BERT 框架、在 BERT-base-chinese 模型上继续训练得到的,使用的继续训练数据集为文渊阁版的繁体字《四库全书》全文语料,因此使用的实验语料应尽量为繁体语料。3)模型的 token 分隔符与对应的实验语料的分隔符不一致。由于存在实验人员偏好,需注意辨别模型的 token 分隔符是"空格"还是"\t",对应的实验语料的分隔符也应采用相同的分隔符号。

KeyError: '澶廫tB-seg'

图 3-6   logout.log 文件出现的 KeyError 报错

e)训练指令与实验结果评估

1. 训练指令

首先应激活深度学习环境;

```
source activate public_env    # public_env 为环境名
```

再切换到模型所在文件夹路径;

```
cd bert_model    # bert_model 为 bert 模型所在文件夹路径
```

再将训练、测试与验证数据集 data 文件夹放在同一目录下,修改参数后打开命令提示符输入指令:

```
sh run.sh
```

模型即开始训练,可在生成的日志文件 logout.log 中看到实时损失(loss)、训练进度的变化情况,见图 3-7。

```
Iteration:   5%|█         | 16/328 [00:16<05:28,  1.05s/it] [A [A
Iteration:   5%|█         | 17/328 [00:17<05:27,  1.05s/it] [A [A
Iteration:   5%|█         | 18/328 [00:18<05:26,  1.05s/it] [A [A
Iteration:   6%|█         | 19/328 [00:19<05:25,  1.05s/it] [A [A
Iteration:   6%|█         | 20/328 [00:21<05:24,  1.05s/it] [A [A
Iteration:   6%|█         | 21/328 [00:22<05:23,  1.05s/it] [A [A
Iteration:   7%|█         | 22/328 [00:23<05:22,  1.05s/it] [A [A
Iteration:   7%|█         | 23/328 [00:24<05:21,  1.05s/it] [A [A
Iteration:   7%|█         | 24/328 [00:25<05:20,  1.05s/it] [A [A
```

图 3-7　模型训练的迭代过程示例

待模型训练结束,即可在模型保存路径中看到训练好的模型文件,在 run_ner.py 文件中提供的方法是先运行完所有的 epochs,再加载模型进行验证。我们在 logout.log 文件中能看见模型训练的评估结果,见图 3-8。

```
Evaluating: 100%|█████████████| 37/37 [00:11<00:00,  3.90it/s] [
06/15/2021 12:14:08 - INFO - __main__ -
              precision    recall  f1-score   support

           p     0.9375    0.9652    0.9512      1150
           n     0.7857    0.7791    0.7824      7152
           w     0.9969    0.9970    0.9969      8636
           v     0.8870    0.8791    0.8830      8965
           y     0.9692    0.9829    0.9760      1759
           d     0.8842    0.9377    0.9102      2053
           c     0.7276    0.9362    0.8188       987
           r     0.9412    0.9613    0.9512      3232
          nr     0.7752    0.7442    0.7594      1372
           u     0.9621    0.9253    0.9434      1098
           m     0.9062    0.9333    0.9196       435
           q     0.9107    0.9623    0.9358        53
           a     0.5298    0.6343    0.5774       350
          ns     0.5506    0.6164    0.5816       159
           f     0.6575    0.6857    0.6713        70
           t     0.8187    0.9091    0.8615       154
                 0.0000    0.0000    0.0000         1
           j     0.0833    0.6000    0.1463         5

 avg / total     0.8915    0.8999    0.8951     37631
```

图 3-8　词性标注测试结果

2. 实验结果评估

依然采用精确率 P、召回率 R 和调和平均值 F1 作为模型分词效果的评测指标。

（3）古汉语典籍词性自动标注系统

"SIKU-BERT 典籍智能处理系统"是一个基于 Python 语言、使用 PyQt5 图形界面编程构建的典籍文本处理平台。该平台集成了自动分词与词性自动标注、文本分类、自动断句、实体识别等功能，能辅助减少数字人文研究者在文本处理上的消耗。SIKU-BERT 典籍智能处理系统（单机版）的词性自动标注功能在实现过程中运用了一些前沿技术：首先利用《汉语大词典》的分词文本对构建 SIKU-BERT 预训练模型的训练集文本进行了扩充，从而提升模型对非史籍文本分词的准确性；然后基于分词文本进行词性自动标注。通过对代码的整合，实现单句词性自动标注、单文本文件词性自动标注和多文本文件词性自动标注三种功能，以适用不同规模文本的处理。该平台可在 SikuBERT 的 GitHub 链接（https://github.com/hsc748NLP/SikuBERT-for-digital-humanities-and-classical-Chinese-information-processing）中下载。表 3-4 为 SIKU-BERT 典籍智能处理系统的内置参数。

表 3-4 SIKU-BERT 典籍智能处理系统内置参数

参数名	默认值	参数含义
model	SIKU-BERT	选择何种分词模型
seg_sentence	None	用于输入单个句子的分词
input_path	None	需分词文件的位置，用于处理多个句子
output_path	result.txt	分词后文件的输出位置
max_seq_length	512	可处理单个最大句子长度，一般 <512
batch_size	30	一个预测批次中的句子数量
use_gpu	False	是否使用 GPU 分词

在以上参数中，inputpath 和 outputpath 用于接受用户输入的待处理文件路径和处理后输出的文件路径，输入文件中每个序列的长度一般控制在 512 以下，对于单个过长的序列则截断为多个子序列。软件能够以 CPU 和 GPU 两种方式运行，从而最大限度地利用计算资源。图 3-9 为 SIKU-BERT 典籍智能处理系统主界面截图，用户单击"单文本模式"和"语料库模式"按钮后即可跳转至词性自动标注界面。

在单文本模式下，用户只需在界面左侧"原始文本"中导入待处理语料，单击词性标注按钮，系统即可在右侧自动生成古籍文本词性标注结果。如图 3-10 所示，选取《史记·陈涉世家》中的部分文本内容作为样例，可以看到在右侧的处理结果中，系统呈现了切分后的句子，并赋予了分词和词性标记。单文本模式适用于对一般古籍的处理。

图 3-9　SIKU-BERT 典籍智能处理系统界面

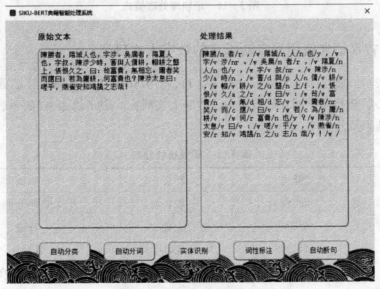

图 3-10　词性标注结果示例

当用户需要处理大规模文本时,可选择"语料库模式"进入系统,如图3-11所示。单击浏览按钮选取待处理文件夹和输出文件夹,再点击词性标注按钮,即可自动调用 SIKU-BERT 词性自动标注模型以实现对批量文本的词性标注任务。

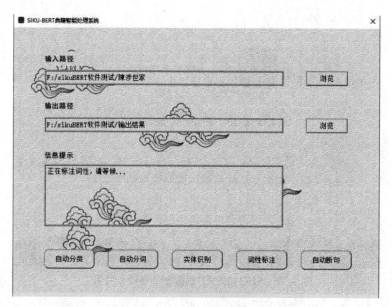

图3-11　语料库处理模式

（4）基于古汉语典籍词性自动标注的数字人文研究

本节展示了如何以二十四史文本为语料，利用SIKU-BERT典籍智能处理系统的"语料库模式"进行基于词性的自动标注数字人文研究。限于篇幅，仅展示名词词性标注的频次结果及分析，见表3-5。

表3-5　词性统计分布

词性	频次	释义	举例
n	4039664	一般名词	鬼神、山川
nh	592986	人名	轩辕
ns	443094	地名	襄平县
nt	353532	时间名词	春、夏、秋、冬
nd	300855	方向名词	东、西、南、北
nl	45351	地点名词	城北
nz	33762	其他专有名词	山海经
ni	572	机构名称	辽队

名词的自动标注、统计与分析对还原和理解历史事件的重要性不言而喻。以地名为例，通过频次分析可知哪些地域历来为兵家必争之地，见图3-12。

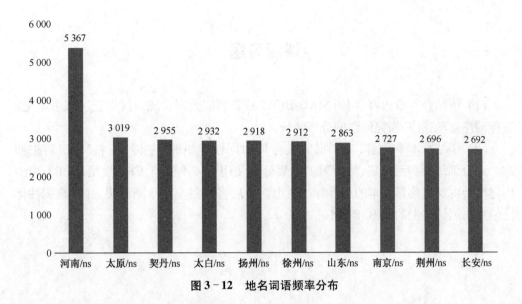

图 3-12 地名词语频率分布

频次排在首位的"河南"非指今日中国的省份,而是多指古代河套以南地区。如《史记·蒙恬列传》载:"秦已并天下,乃使蒙恬将三十万众北逐戎狄,收河南。"利用词性自动标注技术,基于频次统计和古籍文本细致比读,有助于更好地挖掘和理解历史。而以时间名词为例,通过频次分析,可知历史上权力更迭与事件频发的时间段,从而开展更为深入的史学知识挖掘与分析。

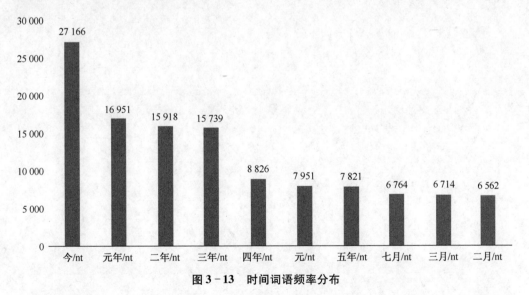

图 3-13 时间词语频率分布

如图 3-13 所示,从"元年""二年""三年""四年"之类的时间名词可知,王朝更替或权力更迭初期往往发生重要历史事件。更为有趣的是,"七月""三月""二月"三个月份也是历史上事件多发时间段,个中规律值得跨学科合作下的深度挖掘。综上可知,词性自动标注作为基础工作对从量化分析角度实现更好的数字人文研究大有助益。

课后习题

（1）请结合本章内容，使用 SIKU-BERT 典籍智能处理系统，对《史记·五帝本纪》进行词性自动标注，探究词性的分布特征。

（2）请结合本章内容，基于已完成分词和词性标注的《左传》语料，对语料按照 9∶1 划分训练集和测试集，然后对训练集分别使用 HMM 模型、CRF 模型、BERT 模型构建用于古汉语典籍文本的词性标注模型。最后将模型应用于测试集，并计算词性标注模型在测试集上的 P、R、F1 值。

第四章　数字人文下的实体识别

　　命名实体是数字人文研究最鲜活的文本对象,而这其中,人名、地名和时间实体得到了最广泛的关注。人物作为文化思想的表达者、历史事件的参与者、社会发展的推动者,塑造了中华民族的精神内涵,因而成为数字人文当下关注的最大焦点。在实体识别技术的助力下,数字人文研究能够结合时间、地点知识,把握人物的基本面貌、社会关系和生平事迹,以大规模非结构化数据为出发点,发现传统方法不曾关注甚至难以发现的现象,为存在争议难以解决的问题提供新的解释思路。

　　命名实体识别是自然语言处理中词汇级处理的基础任务,是数字人文研究文本处理的主要对象。其主要目标是从文本文献中识别出预定义的各类命名实体,例如人名、地名、机构名、时间名等通用命名实体。发展至今,在一些领域文本中,例如医学或中医药领域的基因、蛋白质、中草药、经脉穴位等亦被认作一种命名实体,学术文本领域中模型、软件工具、数据源等也被认定为一种命名实体。这些领域命名实体又被称为知识实体。

　　本章主要介绍命名实体、命名实体识别、序列标注的基本概念,以及基于 BERT 的命名实体识别的数据处理过程、模型运行流程等。

- 知识要点

命名实体、命名实体识别、序列标注、特征

- 应用系统

基于 BERT 的命名实体识别程序

4.1　命名实体识别概念与基本原理

(1) 命名实体

　　命名实体通常指通过名字来指称的实体对象,以区别于名词性和代词性指称的实体对象。常见的命名实体包含人名、地名、机构名等,如人名"王选",地名"南京、北京",机构名"南京农业大学"。命名实体具有指称性、专门性、词汇性、开放性和可替换性五种特征。

　　古汉语命名实体研究中也常关注官职、谥号等,如官职"令尹",谥号"桓"。古汉语命名实体研究较之现代汉语最大的差别在于,不仅关注以名字指称实体对象的"命名性指称",还关注"名词性指称",如"齐桓公""中行寅""声孟子"等,这类人名中往往包含了谥号、官职等非名字成分,因此古汉语命名实体识别最大的难点之一就在于人名识别。

(2) 命名实体识别

命名实体识别是指通过设计相应的算法以序列和分类的思路实现对实体的识别。命名实体识别任务早期源于信息抽取和信息检索的需求,因为命名实体经常成为检索关键词,并且是事件和关系中的重要结构项,后来逐渐成为自然语言处理中一项独立的重要任务。未登录词识别是命名实体识别中的难点,而做好命名实体识别,也有助于提高未登录词识别的精确率和召回率。

文本挖掘与可视化分析技术是数字人文领域研究的重要技术方法,命名实体识别又是进一步实体关系识别、知识图谱构建以及其他研究的基石,因而其准确性和效率尤为重要。准确全面地实现命名实体识别,是开展典籍文献深度挖掘和利用的基础工作[1]。

(3) 序列化标注

自然语言处理中常使用序列化标注的方法来完成命名实体识别任务。在序列化标注中,首先将文本表示成词语或汉字的序列,然后使用机器学习模型对该序列中的每个词语或汉字进行分类。序列化标注的类别有 BIOES、BIO 等模式。在 BIOES 类别模式下,B 表示命名实体的开头,I 表示命名实体的中间,O 表示命名实体之外,E 表示命名实体的结尾,S 表示单独的命名实体。通过这样的类别模式完成词语或汉字序列成分的分类之后,就相当于完成了命名实体识别的任务。

(4) 特征

CRF、最大熵等机器学习模型完成序列化标注任务时,可以根据需要构建标注任务相关的特征函数,以提高标注任务的性能。在命名实体识别任务中,特征函数的构建主要依据命名实体相关的语言知识,一般我们将这类知识称作特征。命名实体识别利用的特征可以分为全局特征和局部特征。对于全局特征来说,考虑的是命名实体连续出现的情况,如果其中某个已经被识别为命名实体,利用搭配约束可提高识别其余命名实体的效果。由于一个命名实体往往在初次出现时具有较丰富的上下文特征,以后出现时则不一定总带着这些特征,利用篇章约束可以提高其后续出现的识别效果。对于局部特征来说,又可以分为命名实体内部的构造特征,命名实体外部的上下文特征,以及语序特征和复合结构特征。

---

[1] 刘江峰,冯钰童,王东波,等.数字人文视域下 SikuBERT 增强的史籍实体识别[J/OL].图书馆论坛:1-14[2022-02-27]. http://kns.cnki.net/kcms/detail/44.1306.G2.20210817.0904.002.html.

探索、标注和测试各类特征知识,以及与此密切相关的特征工程,是机器学习时代命名实体识别中最重要的一项研究内容。在深度学习兴起之后,知识的表示被词嵌入(word embedding)和预训练(pre-train)等表示学习方法替代,计算机可以自动从上下文中学到稠密低维的文本向量,削弱了特征知识标注的必要性,同时进一步提高了命名实体识别的效果。深度学习模型与传统机器学习模型看待特征知识的视角截然不同,但这不意味着特征知识探索的停止。有研究表明,利用好的特征知识的 CRF 模型能够获取比深度学习模型更好的性能,这在古汉语等语料规模较小的研究领域中尤其如此。

4.2　命名实体识别在数字人文中的应用

命名实体识别是自然语言处理工作的基础性工作。准确全面地识别文本中的命名实体是进行文本深度挖掘和利用的前提。命名实体识别对于本体构建、信息检索、自动问答、知识图谱等的实现具有直接影响。面向现代文本的命名实体识别已经取得了丰硕的成果,与此同时,还有海量的数字化典籍资源有待深度挖掘。对典籍文本进行命名实体识别,有助于激活蕴含在典籍中的知识,使其在当下焕发新的活力,对弘扬中国传统文化,促进其传播具有重要作用。当前命名实体识别工作在数字人文领域的应用主要集中于对文本的组织与利用和古籍实体识别系统的开发这两方面。

李娜[1]对《方志物产》中的多类型命名实体进行了自动识别研究,并建立了实体间的关联关系,为挖掘物产在传播过程中受哪些历史人物的影响提供了可能。此外,还建立了来源志书在时空范围的分布,呈现了不同朝代山西不同地区的志书修撰情况。卢克治[2]在对中医古籍进行实体识别和关系抽取的基础上,构建了高质量的知识图谱,从而对古籍中蕴含的中医名家思想进行了直观的表达,促进了中医信息化的发展,对推动辅助诊疗具有支撑作用。常博林等[3]对《资治通鉴·周秦汉纪》中的人名、地名等进行了自动识别,基于识别结果,展开了"最广交人物分析""人物游历距离分析""特异性"实体挖掘,从而发掘了一批具有时代特色的人物实体。徐晨飞等[4]面向《方志物产·云南卷》,采用多种深度学习模型构建了方志物产资料实体自动识别模型,在引书实体、人物实体上达到了较好效果。

---

[1]　李娜.面向方志类古籍的多类型命名实体联合自动识别模型构建[J].图书馆论坛,2021,41(12):113-123.

[2]　卢克治.基于中医古籍的知识图谱构建与应用[D].北京:北京交通大学,2020.

[3]　常博林,万晨,李斌,等.基于词和实体标注的古籍数字人文知识库的构建与应用——以《资治通鉴·周秦汉纪》为例[J].图书情报工作,2021,65(22):134-142.

[4]　徐晨飞,叶海影,包平.基于深度学习的方志物产资料实体自动识别模型构建研究[J].数据分析与知识发现,2020,4(8):86-97.

杜悦等[①]基于25部先秦典籍语料,利用深度学习技术,构建了针对典籍中人名、地名、时间等事件构成要素的实体识别程序,并使用PyQt程序设计语言开发了可视化的窗体程序。刘江峰等[②]基于SikuBERT预训练语言模型,构建了典籍中通用命名实体的识别模型,并开发了一款典籍命名实体识别软件以实现对典籍中的人名、地名、时间的自动识别和抽取。

4.3 古文实体识别流程

(1) 数据的预处理

模型将实体识别问题看作一个序列标注问题,因而需要将标注好的典籍文本转换为模型能够识别的序列格式。图4-1展示了数据预处理流程。

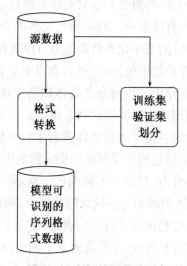

图4-1 数据预处理流程图

注意:本代码需要先进行训练集、测试集划分,而后进行格式转换。进一步改进代码,先进行格式转换后划分数据集,可以提高效率,降低时间成本。

① **格式转换(基于Python 3)**

确保您的电脑安装了3.x版本的Python,推荐安装Python 3.7.6,并在环境变量中正确配置了Python的Scripts文件夹路径。

[①] 杜悦,王东波,江川,等.数字人文下的典籍深度学习实体自动识别模型构建及应用研究[J].图书情报工作,2021,65(3):100-108.DOI:10.13266/j.issn.0252-3116.2021.03.013.

[②] 刘江峰,冯钰童,王东波,等.数字人文视域下SikuBERT增强的史籍实体识别[J/OL].图书馆论坛:1-14[2022-03-21].http://kns.cnki.net/kcms/detail/44.1306.G2.20210817.0904.002.html

输入格式,见图 4-2：

惠公/nr 元妃/v 孟子/nr。/w
孟子/nr 卒/v，/w 繼/v 室/n 以/p 聲子/n，/w 生/v 隱公/nr。/w
宋武公/nr 生/v 仲子/nr，/w 仲子/nr 生/v 而/c 有/v 文/n 在/p 其/r 手/n，/w 曰/v 為/v 魯/ns 夫人/n，/w 故/c 仲子/nr 歸/v 于/p 我/r。/w

图 4-2　输入格式示例

输出格式①,见图 4-3：

惠 B-nr
公 E-nr
元 O
妃 O
孟 B-nr
子 E-nr
。 O

孟 B-nr
子 E-nr
卒 O
，O

宋 B-nr
武 I-nr
公 E-nr
生 O
仲 B-nr
子 E-nr
，O
仲 B-nr
子 E-nr
生 O
而 O

图 4-3　输出格式示例

- 程序所需前置 Python 包,见表 4-1：

表 4-1　程序所需前置 Python 包

os	re	tqdm
zhon	string	

打开 windows 命令提示符,输入 pip list 查看已经安装的包,已经安装的不需重复安装。

依次输入上表中未安装的包,按照以下格式输入后按回车键,待安装完成该包再继续下一个包：

---

① 采取 BIESO 标记法,对于单个字组成的实体标记为 S,多个字组成的实体首字标记为 B、尾字标记为 E、其他为 I,非实体标记为 O。此处仅识别了 nr ns t 实体,其他认定为非实体,标记为 O。

```
pip install os
pip install re
pip install tqdm==4.64.0
pip install zhon==1.1.5
pip install string
```

- 打开集成开发环境（推荐使用 PyCharm 或 Vscode 等），新建一个 Python 文件，命名为 pro_ner.py，输入以下内容引入相关包 package

```
import os
from os import path
from os import listdir
import re
from tqdm import tqdm

from zhon import hanzi
from string import punctuation

punc = hanzi.punctuation + punctuation
```

- Step 1：将 word/tag 格式转换为 word \t tag \n 格式（不带 BIES）

注：\t 表示制表符，宽度为 4 个空格，\n 表示换行符

输入示例见图 4-4：

惠公/nr 元妃/v 孟子/nr 。/w ↓

图 4-4 输入示例

输出示例见图 4-5：

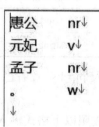

图 4-5 输出示例

```
def word_pos2word_seq(filepath, resultfolder = 'data_seq'):
    """
    word/tag 转换为 word\ttag
    word 指代词, tag 指代词性标签
```

(不带 BIES)
    """
    if resultfolder == 'data_seq':
        if not os.path.exists('data_seq'):os.makedirs('data_seq')# 创建输出结果文件夹
    data_name = os.path.split(filepath)[1][:-4]   # 获取当前输入数据文件文件名(不含前面的文件夹路径和最后的.txt)
    with open(filepath, 'rt', encoding = 'utf8') as f:
        with open('{}/{}.txt'.format(resultfolder, data_name), 'w', encoding = 'utf8') as r:
            for line in tqdm(f.readlines()):# 遍历读取每一行数据
                if line == '\n':#若该行为空行则跳过
                    # r.write('\n')
                    continue
                content_lst = line.strip('\n\r').strip(' ')# 去除每行末尾空格
                content_lst = re.sub(' ', ' ', content_lst).split(' ')# 去除连续多余的空格为1个并按照空格拆分为列表:[word/tag, word2/tag2, ……]

                char_tag_lst = [c.split('/') for c in content_lst]
                char_lst = [c[0] for c in char_tag_lst] # word 列表
                tag_lst = [c[1] for c in char_tag_lst] # tag 列表

                for char, tag in zip(char_lst, tag_lst):
                    r.write(char + '\t' + tag + '\n')
                r.write('\n')# 每行结束之后增加一个空行用于区分不同行转换出的序列

- Step 2:将 word \ttag 格式转换为 char \ttag \n(带 BIES)

输入示例见图 4-6:

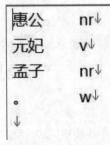

图 4-6 输入示例

输出示例见图4-7：

```
惠 B-nr
公 E-nr
元 O
妃 O
孟 B-nr
子 E-nr
。 O

```

图4-7 输出示例

```python
def word_seq2char_seq(filepath, resultfolder = 'data_charseq'):
    """
    word\ttag 转换为 char\ttag
    （带 BIES）
    """
    if resultfolder == 'data_charseq':
        if not os.path.exists('data_charseq'):
            os.makedirs('data_charseq')
    data_name = os.path.split(filepath)[1] #[:-4]    # 数据文件名
    sep_char = ' '    # 生成的文件 word tag 中的分隔符

    with open(filepath, 'rt', encoding = 'utf-8-sig') as f:
        with open('{}/{}'.format(resultfolder, data_name), 'w', encoding = 'utf-8') as r:
            for line in tqdm(f.readlines()):    # 遍历读取每行 word\t tag\n
                if line == '\n':
                    # r.write(' \n') # crf_learn 并不认可数据中使用 '\n' 作为 sentence 间的分割符（空行），但能够识别 'space(空格)\n' 的空行分隔符。
                    r.write('\n') # bert_ner_pytorch 的断句 使用 '\n' 作为 sentence 间的分割符（空行）
                    continue
                word_tag_lst = line.strip('\n').split('\t')
                word = word_tag_lst[0] # word
```

```
                tag = word_tag_lst[1] # tag

                char_lst = list(word)# 每行单个字组成的列表
        tag_lst = []
                if tag not in ['nr', 'ns', 't']: #本次识别的实体词性标签
                    for char in word:
                        r.write(char + sep_char + 'O\n')# 将非此次需要识别的
标签认定为 O
                    continue

                if len(word) == 1: # 单个字组成的实体,用 S-tag 表示
                    # char_lst.append(word)
                    tag_lst.append('S-' + tag)
                elif len(word) == 2: # 双字实体
                    # char_lst.extend([word[0], word[1]])
                    tag_lst.extend(['B-' + tag, 'E-' + tag])
                else: #三字以上实体
                    for id, char in enumerate(word):
                        # char_lst.append(char)
                        if id == 0:
                            tag_lst.append('B-' + tag)
                        elif id < len(word) - 1:
                            tag_lst.append('I-' + tag)
                        else:
                            tag_lst.append('E-' + tag)
                for char, tag in zip(char_lst, tag_lst):
                    r.write(char + sep_char + tag + '\n')
```

- Step 3:调用上述两个自定义函数进行转换

```
def main():
    word_pos2word_seq('data/filename.txt')
    word_seq2char_seq('data_seq/filename.txt')

if __name__ == '__main__':
    main()
```

- Step 4:运行上述代码

```
python pro_ner.py
```

② 训练集测试集划分

模型训练时需要将数据集划分为训练集和测试集,比例一般为 9∶1 或 99∶1(数据较大时)。有时为了防止数据划分的偶然性,还需要进行十折交叉验证。

- 程序所需前置 Python 包,见表 4-2:

表 4-2 程序所需前置 Python 包

os	numpy
tqdm	sklearn

打开 windows 命令提示符,输入 pip list 查看已经安装的包,已经安装的不需重复安装。

依次输入上表中未安装的包,按照以下格式输入后按回车键,待安装完成该包后再继续下一个包:

```
pip install os
pip install numpy == 1.21.5
pip install tqdm == 4.64.0
pip install sklearn == 1.0.2
```

- 程序如下:

```
import os
from os import listdir
from os import path
import numpy as np
from tqdm import tqdm
from sklearn.model_selection import KFold
from sklearn.model_selection import train_test_split

def data_merge(folder, merged_txt = 'data_merged.txt'):
    """ 将多个 txt 的数据合并 """
    if type(folder) == list:    # 若 folder 为 list,则汇总合并多个文件夹内所有文件的 path
        paths = []
        [paths.extend(path.join(folder_i, f) for f in os.listdir(folder_i)) for folder_i in folder]
    else:
```

```python
        paths = [path.join(folder, f) for f in os.listdir(folder)]

    with open(merged_txt, 'w+', encoding='utf-8') as dmf:
        for p in tqdm(paths):
            with open(p, 'rt', encoding='utf-8') as pf:
                dmf.writelines(pf.readlines())

def load_data(filepaths=None, datafile=None):
    """加载文件夹内所有数据"""
    if filepaths is None:
        filepaths = [datafile]
    data = []
    [data.extend(open(path, 'rt', encoding='utf-8').readlines()) for path in filepaths]
    # random.shuffle(data)
    return data


def train_test_divide(data):
    """读取数据文件并划分为训练集、测试集"""
    # random.shuffle(data)
    train_data, test_data = train_test_split(data, test_size=0.1)

    with open('train_data.txt', 'w+', encoding='utf-8') as tr:
        tr.write('\n'.join(train_data))
    with open('test_data.txt', 'w+', encoding='utf-8') as te:
        te.write('\n'.join(test_data))
    return train_data, test_data

def train_test_divide_kfold(data, outputfolder='data'):
    """十折交叉验证划分数据训练集、测试集"""
    [os.makedirs(outputfolder + os.sep + 'data_{}'.format(i)) for i in range(10) if not os.path.exists(outputfolder + os.sep + 'data_{}'.format(i))]

    kf = KFold(n_splits=10, shuffle=False)  # shuffle 是否打乱数据,此处为否
    k = 0
    for train_index, test_index in kf.split(data):    # kf.split()的结果是索引
```

```
            train_list = [data[tr].strip('\r\n') for tr in train_index]
            test_list = [data[te].strip('\r\n') for te in test_index]
            with open(outputfolder + os.sep + 'data_' + str(k) + os.sep + 'train.tsv', 'w +
', encoding = 'utf-8') as tr:
                tr.write('\n'.join(train_list))
            with open(outputfolder + os.sep + 'data_' + str(k) + os.sep + 'test.tsv', 'w +
', encoding = 'utf-8') as te:
                te.write('\n'.join(test_list))
            k += 1
            print('第{}折完成!'.format(k))

if __name__ == '__main__':
    file = '待划分文件路径(含文件名)'
    data = load_data(datafile = file)
    train_test_divide_kfold(data, '结果文件路径(含文件名)')
```

（2）基于 BERT 的典籍古文实体识别程序

下面首先简单介绍 BERT_NER,即使用 BERT 进行命名实体识别的程序源码：

① BERT_NER 程序源码

- bert.py 文件：BERT 模型的定义

参见第三章:3.3 古文词性自动标注的方法(2)基于深度学习的词性标注方法② BERT 模型 b)模型关键代码说明

- run_ner.py 文件:调用 BERT 模型进行命名实体识别的程序

参见第三章:3.3 古文词性自动标注的方法(2)基于深度学习的词性标注方法② BERT 模型 b)模型关键代码说明

② BERT_NER 具体操作方法

- 激活 BERT 环境：

终端中输入

```
source activate bert 或 conda activate bert
```

上面脚本语句中的"bert"为已经提前配置好的环境名,若无,需要自行创建虚拟环境。

1. 创建虚拟环境

```
conda create -r env_name python == 3.7.6
```

2. 安装所需前置 Python 包：

所需包详见 requirements_env.txt

安装方法：

```
pip install -r requirements_env.txt
```

声明：环境中已经配置好，本步骤因而直接跳过即可。

- 放入本次实验所需数据（本章 2.1 节中处理好的数据）

放入位置见 run.sh 文件中配置：

data_dir = 'input_folder'

其中 input_folder 可以根据需要修改。

由于十折交叉验证，文件夹内包含十个 data_i 子文件夹，每个子文件夹内包含 train.txt 和 test.txt，见图 4-8。

- 下载本次 bert 实验使用的预训练模型（有关知识参考预训练模型的章节）

放入位置见 run.sh 文件中配置：

model _ base _ dir = '/home/admin/pretrain _ models' #预训练模型存储路径（不含模型名）

model_dir = 'bert-base-chinese' #预训练模型名

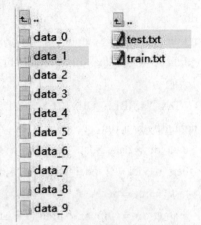

图 4-8　数据存放文件夹示例

每个预训练模型需要至少下图 4-9 文件：

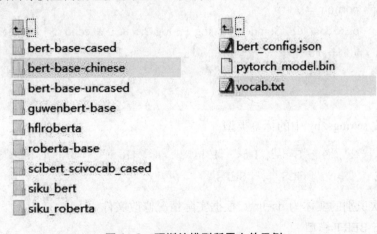

图 4-9　预训练模型所需文件示例

- 修改 run.sh 中的参数、模型路径、数据路径等

```
model_base_dir = '/home/admin/pretrain_models' # 预训练模型存储路径
model_dir = 'bert-base-chinese' #预训练模型名
```

```
data_dir = 'input_folder'    # 输入数据文件夹路径（内含 train.txt，test.txt）
output_dir = 'output_folder'   # 结果输出文件夹路径

mkdir -p log #创建存放 log 日志的总文件夹

for i in 0
do
mkdir -p output/$output_dir/$model_dir/$i #创建结果子文件夹
mkdir -p log/$data_dir/$model_dir/ #创建日志结果子文件夹

CUDA_VISIBLE_DEVICES=0,1 \
nohup python run_ner.py \
--data_dir=data/$data_dir/data_$i \
--bert_model=$model_base_dir/$model_dir \
--task_name=ner \
--output_dir=output/$output_dir/$model_dir/$i \
--max_seq_length=256 \
--do_train --train_batch_size=32 \
--do_eval   --eval_batch_size=64 \
--num_train_epochs=3 \
--warmup_proportion=0.4 \
--overwrite >log/$data_dir/$model_dir/log $i.log 2>&1 & echo $!>log/$data_dir/$model_dir/pid $i.pid

done
```

- 修改 settings.py 中的标签类型

```
LABELS = ["X","O","B-ns","I-ns","E-ns","S-ns","B-nr","I-nr","E-nr","S-nr","B-t","I-t","E-t","S-t","[CLS]","[SEP]"]
```

注：本次识别的实体为 ns、nr、t，根据实际情况修改文件
- 运行 BERT 模型

在终端中切换到模型所在文件夹，输入

sh run.sh

输出文件：

Log 文件，位置：log/$data_dir/$model_dir/log $i.log，可以查看模型运行的实时输出日志。

Pid 文件,位置:log/$data_dir/$model_dir /pid $i. pid,可以查看模型运行的线程编号。

模型结果及其他文件,见图 4-10,位置:output/$output_dir/$model_dir/$i

图 4-10　模型结果输出文件示例

模型训练预测效果文件,示例见图 4-11,位置:output/$output_dir/$model_dir/$i/eval_results. txt

```
             precision    recall   f1-score   support

         nr     0.8569    0.8708    0.8638     18153
          t     0.8704    0.8876    0.8789      6131
         ns     0.8187    0.8179    0.8183      4816

avg / total     0.8534    0.8656    0.8594     29100
```

图 4-11　模型训练预测效果示例

模型预测结果文件,示例见图 4-12,位置:output/$output_dir/$model_dir/$i/labeled_result. txt

左列为输入源文本,中列为原人工标记标签的转换后样式,右列为模型预测结果。

```
丁    B-nr    B-nr
奉    I-nr    I-nr
传    E-nr    E-nr
丁    B-nr    B-nr
奉    E-nr    E-nr
字    O       O
承    B-nr    B-nr
渊    E-nr    E-nr
庐    B-ns    B-ns
江    E-ns    E-ns
安    B-ns    B-ns
丰    E-ns    E-ns
人    O       O
也    O       O
```

图 4-12　模型预测结果示例

课后习题

(1) 使用 SIKU-BERT 典籍智能处理系统,对《史记·五帝本纪》文本进行命名实体识别,并统计识别出的人名、地名、时间词的数量。

(2) 请结合本章内容,基于《人民日报》语料实现现代汉语的人名、机构、时间实体的识别,采用 BERT 模型并进行十折交叉验证,最终输出每一折的 P、R、F1 值。

第五章 数字人文下的模型预训练

预训练是深度学习时代自然语言处理技术的里程碑,解决了围绕词语向量表示的诸多难题,极大提升自然语言处理诸多任务性能的同时,提高了神经网络模型的训练效率,减少了人工标注资源的需求,在一定程度上为数字人文研究扫清了技术门槛。从早期简易的 Word Embedding 算法到大名鼎鼎的 BERT 模型,预训练技术经过了十余年的发展,如今已成为自然语言处理的基础。本章主要介绍预训练技术的基本概念和应用场景,并以时下最火热的深度学习模型 BERT 为基础介绍模型预训练的过程。具体来说,数字人文研究需要大规模语料库和高性能古文自然语言处理工具的支持。面向英语和现代汉语的预训练语言模型已在相关领域极大提升了文本挖掘的精度,数字人文研究的兴起亟须面向古文自动处理领域的预训练模型。

本章中,我们将介绍如何以《四库全书》全文语料作为无监督训练集,基于 BERT 模型框架,构建面向古文智能处理任务的 SikuBERT[①] 预训练语言模型的方法。对比实验揭示了 SikuBERT 模型下游验证任务中的优异表现,证实采用领域数据预训练模型具有较强的古文词法、句法、语境学习能力和泛化能力。使用繁体语料训练出适用于古籍处理的语言模型,并在此基础上开发智能处理系统,可以辅助哲学、古代文学、历史学等领域学者在不具备数据挖掘与深度学习的专业背景下,以直观可视化的方式对典籍文本进行高效率、多维度、深层次、细粒化的知识挖掘与分析。

- 知识要点

    预训练、词向量、深度学习、BERT 模型、深度学习框架
- 应用系统

    基于 Transformers 框架的 BERT 模型预训练程序

5.1 预训练技术的基本知识

(1) 预训练简介

人工智能技术的进一步发展推动了自然语言处理新范式的产生。大规模无标注数据预训练+小规模精加工数据微调的操作流程已成为学术界文本处理的基本规范。预

---

① 王东波,刘畅,朱子赫,等. SikuBERT 与 SikuRoBERTa:面向数字人文的《四库全书》预训练模型构建及应用研究[J]. 图书馆论坛,2022,42(6):31-43.

训练思想最早出现在计算机视觉领域,在计算机视觉的经典算法 ResNet 出现后开始广泛应用。在早期的自然语言处理中,人们通常采用完全有监督的方式构建数据集和模型,以期发现模型充分文本数据的语义特征,但人力与时间成本非常昂贵,且训练出的模型可移植性较差,预训练是解决这一问题的重要举措。预训练思想的本质,是从大规模无监督数据中学习语言共性特征,再将这些特征转移到相应领域的任务上,这一方法有效降低了对标注数据的依赖。自然语言处理领域借鉴了预训练思路,其基本手段是使用语言模型来实现语言特征的迁移。经过预训练的语言模型参数不再是随机初始化,而是更新后适用于相似数据集。预训练的做法一般是将大量低成本收集的训练数据放在一起,经过某种预训练方法去学习其中的共性,然后将其中的共性迁移到特定任务的模型中,再使用相关特定领域的少量标注数据进行微调,使模型充分吸收领域数据的共性。当前的语言模型的预训练方式可以分为 AR 模型和 AE 模型两种,前者计算句子概率基于链式法则,需按照写作顺序从左到右计算下一个单词的条件概率,一般这种训练策略用于 GPT、Transformer 等注重于自然语言生成(NLG)的模型。BERT 模型的预训练主要基于 AE 策略,这一训练策略是通过对已损坏句子的重构更新模型参数,好处在于可以充分考虑上下文信息,因该策略需要通过上下文预测被遮盖的词,所以适用于对文本的处理,适合自然语言理解(NLU)任务。

(2)预训练的适用范围

预训练模型是为了解决数据类似问题所创造出来的模型。一般来说,预训练适用于精加工的训练数据缺少、训练数据与预训练的数据相似度高的情况。数据集越小、数据相似程度越高,预训练的结果越显著。

(3)预训练工具简介

在深度学习领域,预训练技术通过多层神经网络训练出一个多参数的语言模型,对于采用神经网络架构的模型(如 LSTM、RNN 等)通常只需要使用 pytorch 框架定义网络各层即可用于训练。而使用更复杂的 Transformer 结构的模型(如 BERT、GPT),通常使用 tensorflow 或 Huggingface 提供的 Transformers 框架方可完成预训练。

5.2 预训练方法与评价指标

(1)语言模型预训练方法

在自然语言处理中,预训练被视为一个在特定语料上训练语言模型的过程。从传统机器学习和深度学习的角度来看,语言模型是对各语言单位分布概率的建模。对于一个给定的语言序 $S = w_1 w_2 \cdots w_{n-1} w_n$,语言模型就是预测该序列出现的概率 $p(S) = P(w_1, w_2, \cdots w_{n-1}, w_n)$。这一概率能够采用 AE 模型和 AR 模型两种计算方法。以下介绍常见的语言模型训练方法。

(2) n-gram 模型的计算方式

使用链式法则可以把语言模型计算过程表示为：

$$P(w_1,\cdots,w_n) = P(w_1) * P(w_2|w_1) * P(w_3|w_1,w_2) * \cdots\cdots * P(w_n|w_1,\cdots,w_{n-1}) \tag{5-1}$$

在此公式中，当前第 n 个词概率的计算完全取决于前 $n-1$ 个词。这一计算句子概率的好处在于较为简单，但计算后一个词的概率需完全依赖前面所有词的计算结果，使得在面对长序列时的计算复杂度激增，解决这一问题可以引入马尔可夫假设进行序列建模：即认为当前词出现的概率仅取决于其前面一个或多个词出现的概率。在此基础上利用 n 元模型降低计算难度，及在估算条件概率时，忽略与当前词距离大于等于 n 的词的影响。

一元语言模型，即 unigram，认为当前词的出现不受周围词的影响，则可以语言序列 S 出现的概率表示如下：

$$p(S) = P(w_1) * P(w_2) * P(w_3) * \cdots\cdots * P(w_n) \tag{5-2}$$

二元语言模型，即 bigram，认为当前词的出现仅受它前面一个词的影响，则可以语言序列 S 出现的概率表示如下：

$$p(S) = P(w_1) * P(w_2|w_1) * P(w_3|w_2) * \cdots\cdots * P(w_n|w_{n-1}) \tag{5-3}$$

三元语言模型，即 trigram，认为当前词的出现概率与它前面两个词有关，则可以语言序列 S 出现的概率表示为：

$$p(S) = P(w_1) * P(w_2|w_1) * P(w_3|w_2,w_1) * \cdots\cdots * P(w_n|w_{n-1},w_{n-2}) \tag{5-4}$$

n-gram 作为一种基于统计信息的语言模型，具有以下优点：

(1) 采用极大似然估计，参数易训练；(2) 完全包含了前 $n-1$ 个词的全部信息；(3) 可解释性强，直观易理解。

然而，n-gram 模型的劣势也十分明显，其缺点可归纳如下：

(1) 缺乏长期依赖,只能建模到前 n-1 个词;(2) 随着 n 的增大,参数空间呈指数增长;(3) 数据稀疏,难免会出现未登录词的问题;(4) 单纯基于统计频次,泛化能力差。

(3) 神经网络语言模型的训练方法

神经网络语言模型直接通过一个神经网络结构评估 n 元条件概率。对于一个给定的词序列 $S = w_1 w_2 \cdots w_{n-1} w_n$,其中 w_i 属于语料库中全部单词的集合。最终要训练的模型则能表示为:

$$f(w_t, w_{t-1}, w_{t-2}, \cdots w_{t-n+1}) = P(w_t = i | context) = P(w_t | w_1^{t-1}) \quad (5-5)$$

在求解时,模型需要满足两个约束条件:

$$(1)\ f(w_t, w_{t-1}, w_{t-2}, \cdots w_{t-n+1}) > 0 \quad (5-6)$$

$$(2)\ \sum_i^{|V|} f(w_t, w_{t-1}, w_{t-2}, \cdots w_{t-n+1}) = 1 \quad (5-7)$$

以上第一个约束条件要求通过网络的每个概率值都要大于 0,而第二个约束条件则限定了网络的输出,即实际输出是一个向量,该向量的每一个分量依次对应下一个词为词典中某个词的概率。

神经网络语言模型的基本结构分为输入层、隐藏层和输出层三个部分。在输入层首先将序列转化为 one-hot 编码,继而将这一元素映射到一个实向量中,这一实向量代表词表中第 i 个词的分布表示。将输入层的向量通过前向传播完成对参数的更新,能够在一定程度上有效解决词袋模型带来的语义差异化和数据稀疏的问题。在相似的上下文语境中,神经网络语言模型可以预测出相似的目标词,这是传统的 n 元模型难以实现的。

(4) BERT 模型的预训练

BERT 模型是预训练模型的集大成者。2018 年 10 月,谷歌 AI 团队公布了这一语言表征模型,模型刷新了 11 项 NLP 任务的记录。BERT 的基本结构建立在双向 Transformer 编码器上,通过掩码语言模型(MLM)和下一句预测(NSP)两个无监督任务完成模型的预训练。BERT 模型属于自编码器(AR)语言模型,这种训练策略要求随机遮罩掉一些单词,在训练过程中根据上下文对被遮罩的单词进行预测,使预测概率最大化。在 BERT 模型中,无监督任务 MLM 负责实现,在此任务中,模型需要按比例随机遮罩输入序列中的部分字符,根据上下文预测被遮罩的单词,以完成词汇的深度双向表征的训练,能够同时利用上下文语境的优势使其非常适合 Transformer 结构的网络。而在 NSP 任务中,BERT 模型成对地读入句子,并判断给定的两个句子是否相邻,从而获得句子之间的关系。利用预训练获得参数可以建立 BERT 模型的微调过程,仅需模型的高层参数进行调整,即可适应不同的下游任务。

(5) 语言模型的评价指标

对于语言模型的优劣,除了利用下游任务的训练效果来评价之外,还可以针对模型内部的结构来评测,此时一般使用困惑度(perplexity,PPL)来衡量,困惑度的定义如下:

对于一个给定的序列 $S = w_1 w_2 \cdots w_{n-1} w_n$,$w_n$ 表示序列中第 n 个词,该序列的似然概率定义为:

$$p(S) = P(w_1 w_2 \cdots w_{n-1} w_n) \tag{5-8}$$

困惑度可以定义为:

$$PPL = P(w_1 w_2 \cdots w_{n-1} w_n)^{\frac{-1}{n}} \tag{5-9}$$

困惑度的大小反映了语言模型的好坏,一般情况下,困惑度越低,代表语言模型效果越好。

5.3 预训练技术在数字人文中的应用背景

方兴未艾的新文科建设提出了多学科交叉融合的宏伟蓝图,其"创新驱动、应用引领"的主基调无疑给数字人文研究的发展带来了新的机遇。古籍文献作为我国宝贵的物质与精神财富,在新时代的弘扬需要更多学科的参与和助力。由于古文标注资源的稀缺性,数字人文研究者很早就开始使用预训练技术或预训练模型来增强模型在低资源环境下的文本处理效果,取得了一系列出色的研究成果。我们将这些研究成果按照技术手段分为三类:基于外部词向量嵌入的、基于已有预训练模型微调的和基于语言模型预训练的。以下将分别介绍这三类技术。

(1) 基于外部词向量嵌入的古文处理

早期研究者通常将循环神经网络(RNN)或卷积神经网络(CNN)及其各种变体用于古文文本的处理。虽然深度神经网络的使用避免了复杂的特征工程,并在一定程度上取得超越统计学习模型的效果,但在标注数据集不足的情况下仍然难以应对复杂语言环境下语料的处理。该阶段先验知识的融合大多是通过引入外部词向量嵌入来解决的。这些训练好的外部词向量可以根据模型结构在嵌入层使用来初始化,或在隐藏层使用以对特定词汇进行增强。其核心思想是通过词向量的引入为模型提供一个与具体任务的语言风格相似的语言环境。训练外部词向量的方式多种多样,其中 word2vec 以适中的复杂度、较快的训练速度和较佳的质量被大量用于深度学习模型之中。相关研究如王一钒等[①]以 word2vec 中的 CBOW 方法训练古文词向量作为 BiGRU-CRF 的嵌入层初始参数,并应用于古文实体关系联合抽取。王莉军等[②]将古文词向量作为 BiLSTM-CRF 的嵌入层,用以增强模型对中医古籍文本的分词性能。崔丹丹等[③]利用"甲言"分词工具对《四库全书》进行分词,并将训练的词向量与 Lattice-LSTM 相结合,有效提升了古汉语命名实体识别的性能。

(2) 基于已有预训练模型微调的古文处理

以 BERT 为代表的大规模预训练语言模型的应用深刻地改变了古文智能处理的进程,被称为 NLP 第三范式的"预训练+微调"处理模式已然成为数据科学研究的重要方法。但由于 BERT 模型的预训练成本较大,多数数字人文研究者不具有足够的算力资源,对预训练模型的应用通常只保留微调这一过程。部分研究,如杜悦等[④]以 BERT 等模型对先秦典籍中构成历史事件的实体进行实体识别。李章超等[⑤]基于 BERT、Roberta-CRF 和 GuwenBERT 三种预训练模型从《左传》数据集中抽取战争事件。刘忠宝等[⑥]基于 BERT、BERT-Bilstm-crf 模型标注《史记》中的重要历史事件,并以此为基础构建事理图谱。张琪等[⑦]基于 BERT 构建用于古文分词和词性标注的一体化模型,并将其应用于先秦典籍的词性标注中。

(3) 基于语言模型预训练的古文处理

另一些研究则从上游任务入手,通过对大规模语言模型的预训练实现古汉语语言特征的迁移。此类研究通常使用 BERT 类模型作为基线模型,不同预训练语料的选取决定了这些模型不同的应用环境。例如,北京大学的魏一[⑧]、俞敬松等[⑨]使用来自殆知

[①] 王一钒,李博,史话,等.古汉语实体关系联合抽取的标注方法[J].数据分析与知识发现,2021,5(9):63-74.

[②] 王莉军,周越,桂婕,等.基于 BiLSTM-CRF 的中医文言文文献分词模型研究[J].计算机应用研究,2020,37(11):3359-3362+3367.

[③] 崔丹丹,刘秀磊,陈若愚,等.基于 Lattice LSTM 的古汉语命名实体识别[J].计算机科学,2020,47(S2):18-22.

[④] 杜悦,王东波,江川,等.数字人文下的典籍深度学习实体自动识别模型构建及应用研究[J].图书情报工作,2021,65(03):100-108.

[⑤] 李章超,李忠凯,何琳.《左传》战争事件抽取技术研究[J].图书情报工作,2020,64(7):20-29.

[⑥] 刘忠宝,党建飞,张志剑.《史记》历史事件自动抽取与事理图谱构建研究[J].图书情报工作,2020,64(11):116-124.

[⑦] 张琪,江川,纪有书,等.面向多领域先秦典籍的分词词性一体化自动标注模型构建[J].数据分析与知识发现,2021,5(3):2-11.

[⑧] 魏一.古汉语自动句读与分词研究[D].北京:北京大学,2020.

[⑨] 俞敬松,魏一,张永伟,等.基于非参数贝叶斯模型和深度学习的古文分词研究[J].中文信息学报,2020,34(6):1-8.

阁网站的超过 4 亿字的古汉语语料预训练 BERT 模型,并将训练结果用于古籍文本的自动断句和分词,取得了良好效果。北京理工大学的阎覃和迟泽文[①]在"古联杯"古籍文献命名实体识别评测大赛中提出了使用殆知阁语料重构模型词表以预训练的 GuwenBERT 预训练模型,可在简体中文下的古文处理任务中取得较佳性能。日本京都大学学者 Koichi Yasuoka[②] 基于 GuwenBERT 继续训练,以繁体语料对词表进行了扩充,训练出能同时用于简体和繁体中文处理的 Roberta-classical-chinese-base-char 模型,能较好地应对简繁混杂的情况。王东波等[③]基于繁体中文的文渊阁版本《四库全书》以 BERT 和 Roberta 模型为基础训练出适用于繁体古籍处理的古文预训练模型,更好地贴合文学、历史学等学科学者的语料处理需求。截至本教材出版为止,上述三种古文预训练模型分别适用于不同语言环境下的古义处理,目前均已于 Huggingface 或 GitHub 开源其模型和应用,在该段结尾已附相关链接,读者可根据自己的文本特点自行前往下载使用。

互联网已开源的古文预训练模型链接:

- GuwenBERT(适用于简体):

https://github.com/Ethan-yt/guwenbert

- Roberta-classical-chinese-base-char(简繁均可):

https://huggingface.co/KoichiYasuoka/roberta-classical-chinese-base-char

- SikuBERT(适用于繁体):

https://github.com/hsc748NLP/SikuBERT-for-digital-humanities-and-classical-Chinese-information-processing

5.4 模型预训练程序

全套的语言模型预训练构建实验包含上游任务训练和下游任务的效果测试两个过程,以我们的 SikuBERT 预训练模型为例,图 5-1 展示了实验的全部流程。

模型预训练是全部工作的核心部分。在我们的实验中,首先对预训练采用的数据进行清洗,去除特殊的字符,然后按照比例切分训练集与验证集,预训练实验使用基于 Transformers 框架的代码实现,以下将以 BERT 模型为例分析预训练操作的代码使用。

---

① Guwen-models. [EB/OL]. (2022-4-1). https://github.com/Ethan-yt/guwen-models.

② Roberta-classical-chinese-base-char. [EB/OL]. (2022-4-1). https://huggingface.co/KoichiYasuoka/roberta-classical-chinese-base-char.

③ 王东波,刘畅,朱子赫,等. SikuBERT 与 SikuRoBERTa:面向数字人文的《四库全书》预训练模型构建及应用研究[J]. 图书馆论坛,2022,42(6):31-43.

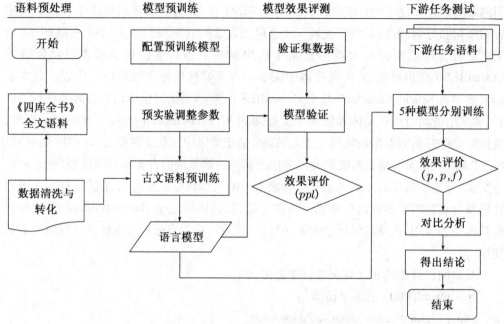

图 5-1　SikuBERT 预训练模型实验流程

（1）环境配置

"工欲善其事，必先利其器。"用于深度学习的框架多种多样，挑选合适的深度学习框架可以有效增强代码的可读性和易维护性，显著提高运行效率。目前两大主流框架是 pytorch 和 tensorflow。pytorch 框架的优点在于轻量级、资源占用量低和维护性强，是深受学术界欢迎的框架，但有代码不直观、不易读的缺点。tensorflow 框架封装了大量的接口，虽然这些接口调用简单，但代码的冗余度更高，用户需要花费大量时间去记忆不同的接口，多适用于工业界。因此，在实验中全部的代码都依赖于 pytorch 框架书写，同时，为了解决 pytorch 不能直接提供 Transformer 结构模型的问题，我们还借助了 Huggingface 公司提供的 Transformers 框架，这一框架最早起源于 GitHub 上一个以 pytorch 实现 BERT 模型的项目。随着新一代预训练模型的出现，这一项目也在不断更新模型训练的接口，并最终以 pytorch 框架的形式保持更新。为保证 Python 包之间的独立性，我们通常将深度学习框架安装在虚拟环境中，安装 pytorch 和 Transformers 框架的命令如下：

```
pip install torch ==1.6.0
pip install transformers ==3.4.0
```

注意：应尽量确保 Python 版本在 3.6 以上，否则可能出现框架不兼容的问题。待安装完毕后，我们可以使用 vscode 工具远程连接服务器，实现远程开发，以便及时对代码进行更改。

程序中其他可能需要的 Python 包安装语句如下：

```
pip install random
# 一个产生随机值的库,用来随机打乱数据集
pip install numpy
# 专门处理矩阵运算的库
pip install tqdm
# 生成进度条的库,用于指示程序的运行进度
pip install sklearn
# 一种专门用于机器学习的库,用来协助处理数据
pip install logging
# 生成日志文件的python库,输出程序运行中的各种信息
```

(2) 模型预训练程序内容

语言模型的预训练可以参考 Transformers 官方的示例和开源的 GitHub 项目。Transformers 官方示例网址为:

https://github.com/huggingface/transformers/tree/v3.4.0/examples/language-modeling

基于该项目改进后使用于中文模型预训练的代码见以下链接:

https://github.com/zhusleep/pytorch_chinese_lm_pretrain

此处我们仅针对模型预训练代码中的重要部分进行讲解:

① 导入相关模块

```
import logging
# 展示程序运行的过程
import math
import os
from dataclasses import dataclass, field
from typing import Optional
from transformers import BertTokenizer, BertForMaskedLM, BertConfig, BertLMHeadModel
# 导入分词器、MLM、配置文件等接口
from transformers import(
    CONFIG_MAPPING,
    MODEL_WITH_LM_HEAD_MAPPING,
AutoConfig,
AutoModelWithLMHead,
AutoTokenizer,
# AutoConfig,AutoModelWithLMHead,AutoTokenizer 三个方法可以自动指定模型的参数
```

```
DataCollatorForLanguageModeling,
HfArgumentParser,
# 超参数接口,用于设置可以通过命令行调整的超参数
LineByLineTextDataset,
PreTrainedTokenizer,
TextDataset,
# TextDataset 方法是用于文本处理的方法,导入的目的在于统一数据集的输入格式
Trainer,
# Trainer 类是整个程序的核心,所有与训练有关的参数都可以赋值给这个类,随后再
通过 train( )方法实现训练
TrainingArguments,
set_seed,
# 随机数种子,保证每次训练的结果一致
)
# 导入与数据处理、参数配置、预训练相关的接口
```

以上是实验中需要使用的全部模块,包含数据处理、数据装载、模型训练参数、预训练、超参数等方面的内容。

在该项目中所有可调超参数以及其功能如表 5-1 所示:

表 5-1 可调用参数及参数功能说明

参数名	参数作用
model_name_or_path	指示需要预训练的模型名称和路径,以及是否从头训练
model_type	预训练模型的种类,可选择 Transformers 支持的所有模型,目前已经可以使用二十余种
config_name	如果 config_name 的位置与 model_name_or_path 不同,则将 config_name 参数赋值,否则不赋值
tokenizer_name	关于分词器的路径,用于文本切分
train_data_file	训练数据路径
eval_data_file	验证数据路径
line_by_line	是否将数据集中不同的文本行作为不同的序列处理
mlm	即掩码语言模型,预训练操作的核心,训练 BERT 类模型必须选取此参数
mlm_probability	在掩码语言模型中,一个序列被遮罩的字符数和全部字符数的比率,通常为 15%
plm_probability	排列语言模型的掩码标记的跨度与周围的上下文长度的比率
max_span_length	掩码标记的最大跨度,作用在于限定连续遮罩的最大词长,值为 5 说明一个句子最多连续遮罩 5 个字符

（续表）

参数名	参数作用
block_size	输入模型最大的句子长度,当为默认值-1时代表以整个句子做为输入
overwrite_cache	覆盖缓存的训练和测试集文件,可用于程序调试

上述参数是训练过程中可调的基本参数,在实际的训练过程中这些参数可部分或全部使用。此外,还有一些比较重要且可调但代码中没有直接给出的参数,我们将其罗列如下表5-2:

表5-2　其他可调用参数及参数功能说明

其他重要参数名	参数作用
overwrite_output_dir	覆盖输出文件夹中的模型,可用于持续的模型训练
per_device_train_batch_size	每块gpu的训练批次大小,训练总批次 = gpu数 * 每块gpu的训练批次
save_steps	每隔多少个批次保留一个checkpoint文件
save_total_limit	最多保留多少个checkpoint文件,可用于节省存储空间

ModelArguments 类和 DataTrainingArguments 类申明了模型中的可调参数,读者可下载源码自行查看,代码中给出了较为明确的超参数使用方法。

以上是程序的所有可调超参数,在实际的操作中通过修改命令行实现参数调优。

② **数据集读取部分**

get_dataset 函数是该部分的主体,其作用是将清洗后的数据集转化为符合模型输入的格式。

```
def get_dataset (args: DataTrainingArguments, tokenizer: PreTrainedTokenizer, evaluate = False):
file_path = args.eval_data_file if evaluate else args.train_data_file
    if args.line_by_line:
        return LineByLineTextDataset(tokenizer = tokenizer, file_path = file_path, block_size = args.block_size)
# 从训练与测试集中一行一行地读入数据,并基于BERT自带的tokenizer对读入的序列进行分词
    else:
        return TextDataset(
            tokenizer = tokenizer, file_path = file_path, block_size = args.block_size, overwrite_cache = args.overwrite_cache
        )
```

主函数部分,包含训练参数配置、模型训练、模型验证和困惑度计算四个环节的内

容,以下将分别介绍。

③ 加载模型基本参数

```
    # 设置随机数种子,目的在于使相同数据训练的结果一致
set_seed(training_args.seed)

# 加载预训练模型和分词器
    if model_args.config_name:
        config = AutoConfig.from_pretrained(model_args.config_name, cache_dir = model_args.cache_dir)
# 加载预训练模型的配置文件
elif model_args.model_name_or_path:
        config = AutoConfig.from_pretrained(model_args.model_name_or_path, cache_dir = model_args.cache_dir)
    else:
        config = CONFIG_MAPPING[model_args.model_type]()
logger.warning("You are instantiating a new config instance from scratch.")
# 加载分词器,将句子划分成一个个 token
    if model_args.tokenizer_name:
        tokenizer = AutoTokenizer.from_pretrained(model_args.tokenizer_name, cache_dir = model_args.cache_dir)
elif model_args.model_name_or_path:
        tokenizer = AutoTokenizer.from_pretrained(model_args.model_name_or_path, cache_dir = model_args.cache_dir)
    else:
        raise ValueError(
"您正在从头实例化一个新的分词器。这是不支持的,但可以从另一个脚本,保存它,"
"从这里加载,使用--tokenizer_name"            )
# 加载模型,参数为模型位置,如果不指定位置而只指定名称则会自动从 Huggingface 的官网上下载
    if model_args.model_name_or_path:
        model = AutoModelWithLMHead.from_pretrained(
model_args.model_name_or_path,
from_tf = bool(".ckpt" in model_args.model_name_or_path),
            config = config,
```

```
        cache_dir = model_args.cache_dir,
        )
    else:
        logger.info("Training new model from scratch")
        model = AutoModelWithLMHead.from_config(config)

    model.resize_token_embeddings(len(tokenizer))
    # 根据分词结果重新设置嵌入层的规格
    if config.model_type in ["bert", "roberta", "distilbert", "camembert"] and not data_args.mlm:
        raise ValueError(
            "BERT and RoBERTa-like models do not have LM heads but masked LM heads. They must be run using the"
            "--mlm flag (masked language modeling)."
        )
    # 确保训练的是 bert 类模型
    if data_args.block_size <= 0:
        data_args.block_size = tokenizer.max_len
        # 输入块大小将是模型的最大截断长度
    else:
        data_args.block_size = min(data_args.block_size, tokenizer.max_len)
    # 获取数据集的操作

    train_dataset = get_dataset(data_args, tokenizer=tokenizer) if training_args.do_train else None
    eval_dataset = get_dataset(data_args, tokenizer=tokenizer, evaluate=True) if training_args.do_eval else None

    data_collator = DataCollatorForLanguageModeling(
        tokenizer=tokenizer, mlm=data_args.mlm, mlm_probability=data_args.mlm_probability
    )
    # 对数据集进行分词和随机遮罩
```

④ 整合参数至训练器

将所有与训练相关的参数加入 Trainer 类中,实例化 Trainer 类的对象 trainer

```python
# 初始化训练器
    trainer = Trainer(
        model = model,
        args = training_args,
        data_collator = data_collator,
        train_dataset = train_dataset,
        eval_dataset = eval_dataset,
        prediction_loss_only = True,
    )
```

Trainer 类中包含与训练相关的各种参数,以上的参数是类中参数的一部分,还有一些参数仅使用默认值,例如分布式计算功能。

⑤ 模型训练部分

```
    # 训练部分
# do_train 操作的实现逻辑
    if training_args.do_train:
model_path = (
model_args.model_name_or_path
            if model_args.model_name_or_path is not None and os.path.isdir
(model_args.model_name_or_path)
            else None
        )
#调用训练方法实现训练,这是一个封装程度非常高的方法,仅仅只要一个简单的调用即可实现,体现出框架的优越性
trainer.train(model_path = model_path)
trainer.save_model()
# 存储训练后的模型
        # For convenience, we also re-save the tokenizer to the same directory,
        # so that you can share your model easily on huggingface.co/models = )
        if trainer.is_world_master():
tokenizer.save_pretrained(training_args.output_dir)
```

⑥ 验证部分,以困惑度作为评价指标判断训练出语言模型的好坏

```
        # 验证部分
    results = {}
```

```python
        if training_args.do_eval:
            logger.info(" * * * Evaluate * * * ")

            eval_output = trainer.evaluate()
    # 直接调用 evaluate 方法完成验证
        perplexity = math.exp(eval_output["eval_loss"])
        # 计算困惑度的方法,这里采用了交叉熵损失函数来计算
        # 代码运行结束后困惑度的计算结果会与最终的模型放入同一个文件夹下
        result = {"perplexity": perplexity}

        eval_result = os.path.join(training_args.output_dir, "perplexity.txt")
        if trainer.is_world_master():
            with open(eval_result, "w", encoding="utf-8") as fp:
                for key in sorted(result.keys()):
                    fp.write(" perplexity = " + str(result[key]))

        results.update(result)

    return results

if __name__ == "__main__":
    main()
```

程序运行的命令

在模型预训练代码的同级目录新建 rush.sh 文件。将运行指令写入 sh 文件中,运行命令 sh run.sh

```
TRAIN_FILE = 'train.txt'    # 训练文件位置
TEST_FILE = 'eval.txt'    # 验证文件位置
PreTrain_Model = 'bert-base-chinese'    # 继续训练的模型
mkdir -p log    # 创建日志文件
CUDA_VISIBLE_DEVICES = 0,1 python run_language_model_bert.py \
# 采用编号为 0,1 的 GPU 运行程序
    --output_dir = output/$PreTrain_Model    \ # 输出文件位置
    --model_type = bert    \ # 基线模型的类型
    --overwrite_output_dir \ # 覆盖输出文件夹中的模型
    --save_total_limit = 3 \ # 最多存储多少个检查点
    --num_train_epochs = 10 \ # 训练轮次
```

```
        --learning_rate=5e-4 \    # 学习率
        --local_rank= -1 \
        --model_name_or_path=$PreTrain_Model    \
        --do_train    \
        --train_data_file=$TRAIN_FILE      \
        --do_eval   \
        --eval_data_file=$TEST_FILE     \
        --mlm \    # 采用掩码语言模型进行训练
        --per_device_train_batch_size=32    \    # 每块GPU的训练批次大小
 >log/log_$PreTrain_Model.log 2>&1 & echo $!>log/run_$PreTrain_Model.pid
        # 将运行记录存储到日志文件
```

如果要从头训练，只需修改部分参数。从头训练需要的语料数量较大，且计算资源开销更大，建议从头训练前应估算训练成本。

```
TRAIN_FILE='train.txt'
TEST_FILE='eval.txt'
PreTrain_Model='bert-base'
From_Scratch='train_tokenizer/pretrained_models/'
mkdir -p log
CUDA_VISIBLE_DEVICES=0,1 nohuppython run_language_model_bert.py \
    --output_dir=output/$PreTrain_Model \
    --model_type=bert \
    --overwrite_output_dir \
    --save_total_limit=3 \
    --num_train_epochs=10 \
    --learning_rate=5e-4 \
    --local_rank= -1 \
    --cache_dir=$From_Scratch \
    --config_name=$From_Scratch \
    --tokenizer_name=$From_Scratch \
    --do_train \
    --train_data_file=$TRAIN_FILE \
    --do_eval \
    --eval_data_file=$TEST_FILE \
     --mlm \
    --per_device_train_batch_size=32    \
     >log/log_$PreTrain_Model.log 2>&1 & echo $!>log/run_$PreTrain_Model.pid
```

⑦ 数据处理部分

该部分介绍代码运行相关文件的配置。存放训练与验证数据的文件夹如下图5-2。

```
/home/admin/lc/语言模型/pretrain/data/*.*
名字                 大小        已改变                   权...  拥...
..                              2021/8/6 10:40:21        r...  a...
train.txt         10,264 KB   2021/5/31 19:49:01       r...  a...
eval.txt             105 KB   2021/5/31 19:49:01       r...  a...
```

图5-2　文件存放示例

基本数据格式。以一句话为一个序列，数据格式示例见图5-3。

```
朕得識昭穆之序，寄遠祖之思。
注孝經、論語、詩、易、三禮、尚書、列女傳、老子、淮南子、離騷、所著賦、頌、碑、誄、書、記、表、奏、七言、琴歌、對策、遺令，凡二十一篇。
紹亦立收漢，殺之。
夏五月，赦天下。
其三月丁酉，行至長安。
願陛下急發兵擊之。」
冬十月丙辰朔，日有食之。
昔秦欲謀楚，王孫圉設壇西門，陳列名臣，秦使懼然，遂為寑兵。
襄子立三十三年卒，浣立，是為獻侯。
七月，兵罷。
夫以陽入陰支蘭藏者生，以陰入陽支蘭藏者死。
步兵踵軍後數十萬人。
」遂為之延譽，薦之諸公。
滿子尼，字正叔。
```

图5-3　数据格式示例

初始预训练模型的存放位置，示例见图5-4，包含词表、模型和配置文件三个文件。

```
/home/admin/lc/语言模型/pretrain/pretrained_model/bert-base/
名字                    大小        已改变                   权...  拥...
..                                  2021/8/6 11:17:58        r...  a...
vocab.txt             107 KB      2021/2/7 18:14:18        r...  a...
pytorch_model.bin   399,626 KB    2021/4/8 21:56:31        r...  a...
config.json             1 KB      2021/2/7 18:14:17        r...  a...
```

图5-4　模型存放文件示例

输出文件位置示例见图5-5，含有代码运行完毕后最终得到的预训练模型，以及困惑度报告。

```
/home/admin/lc/语言模型/pretrain/output/
名字                      大小        已改变                   权...  拥...
..                                    2021/8/6 10:40:21        r...  a...
checkpoint-22000                      2021/5/31 21:40:54       r...  a...
training_args.bin          2 KB       2021/5/31 21:28:09       r...  a...
pytorch_model.bin    401,929 KB       2021/5/31 21:28:09       r...  a...
eval_results_lm.txt        1 KB       2021/5/31 21:40:54       r...  a...
config.json                1 KB       2021/5/31 21:28:09       r...  a...
```

图5-5　模型输出文件示例

我们将文件输出文件夹中最终的模型取出,加上词表与配置文件,就可以像普通的 BERT 模型一样使用了。更换 RoBERTa 模型进行继续训练。

如果想采用 RoBERTa 模型继续训练,我们需要在 Huggingface 官网下载中文 RoBERTa 预训练模型,其网址为 https://huggingface.co/hfl/chinese-roberta-wwm-ext,待下载完成后,我们还需要对文件和代码进行如下修改:

* 在 config.json 中修改 "model_type":"roberta" 为 "model_type":"bert"。

* 将 run_language_model_bert.py 中的 AutoModel 和 AutoTokenizer 分别替换为 BertModel 和 BertTokenizer。

然后修改如下超参数:--model_type = bert

--model_name_or_path = hflroberta

即可以同样的方式预训练 RoBERTa 了。

图 5-6 为使用程序基于 RoBERTa 模型进行继续训练过程中的运行截图,使用两块型号为 Tesla P100-PCIE 的 GPU 运行程序,见图 5-7,在程序运行图中先输出训练相关的各种参数,包含了损失函数、训练轮次、批次大小、优化器类型、学习率等一系列参数,在这些参数中有相当一部分是不需要我们预先定义的,程序会根据默认值和指令的其他参数予以调整。

图 5-6 RoBERTa 模型运行过程示例

进度条代表当前程序的运行进度,共需处理 17832 批数据,需耗费 1 个多小时,此时对显卡的算力消耗约为 30000MiB,根据训练经验可以得出,训练批次大小每增加 1,算力开支提升约 1000MiB。事实上,训练 RoBERTa 模型的算力开支和时间成本比 BERT 更大,但模型的性能提升一般比 BERT 更大。

```
+-----------------------------------------------------------------------------+
| NVIDIA-SMI 440.64.00    Driver Version: 440.64.00    CUDA Version: 10.2     |
|-------------------------------+----------------------+----------------------+
| GPU  Name        Persistence-M| Bus-Id        Disp.A | Volatile Uncorr. ECC |
| Fan  Temp  Perf  Pwr:Usage/Cap|         Memory-Usage | GPU-Util  Compute M. |
|===============================+======================+======================|
|   0  Tesla P100-PCIE...   Off | 00000000:3B:00.0 Off |                    0 |
| N/A   56C    P0   163W / 250W |  15777MiB / 16280MiB |     90%      Default |
+-------------------------------+----------------------+----------------------+
|   1  Tesla P100-PCIE...   Off | 00000000:AF:00.0 Off |                    0 |
| N/A   49C    P0   161W / 250W |  15671MiB / 16280MiB |     86%      Default |
+-------------------------------+----------------------+----------------------+

+-----------------------------------------------------------------------------+
| Processes:                                                       GPU Memory |
|  GPU       PID   Type   Process name                             Usage      |
|=============================================================================|
|    0    151179      C   python                                     15767MiB |
|    1    151179      C   python                                     15661MiB |
+-----------------------------------------------------------------------------+
```

图 5-7　GPU 使用情况示例

⑧ 用自己的数据训练预训练模型

以上介绍了预训练程序的基本内容和依赖文件。本部分将介绍如何利用自己的语料训练一个预训练模型。

如图 5-8 所示,从互联网或资源站点获取的语料库文件为了目录编排的需要,通

文件名	修改日期	类型	大小
商书·高宗肜日.txt	2021/8/11 21:30	文本文档	1 KB
商书·盘庚上.txt	2021/8/11 21:30	文本文档	3 KB
商书·盘庚下.txt	2021/8/11 21:30	文本文档	1 KB
商书·盘庚中.txt	2021/8/11 21:30	文本文档	2 KB
商书·说命上.txt	2021/8/11 21:30	文本文档	1 KB
商书·说命下.txt	2021/8/11 21:30	文本文档	2 KB
商书·说命中.txt	2021/8/11 21:30	文本文档	1 KB
商书·太甲上.txt	2021/8/11 21:30	文本文档	1 KB
商书·太甲下.txt	2021/8/11 21:30	文本文档	1 KB
商书·太甲中.txt	2021/8/11 21:30	文本文档	1 KB
商书·汤诰.txt	2021/8/11 21:30	文本文档	1 KB
商书·汤誓.txt	2021/8/11 21:30	文本文档	1 KB
商书·微子.txt	2021/8/11 21:30	文本文档	1 KB
商书·西伯戡黎.txt	2021/8/11 21:30	文本文档	1 KB
商书·咸有一德.txt	2021/8/11 21:30	文本文档	2 KB
商书·伊训.txt	2021/8/11 21:30	文本文档	2 KB
商书·仲虺之诰.txt	2021/8/11 21:30	文本文档	2 KB
夏书·甘誓.txt	2021/8/11 21:30	文本文档	1 KB
夏书·五子之歌.txt	2021/8/11 21:30	文本文档	2 KB
夏书·胤征.txt	2021/8/11 21:30	文本文档	2 KB
夏书·禹贡.txt	2021/8/11 21:30	文本文档	5 KB
虞书·大禹谟.txt	2021/8/11 21:30	文本文档	4 KB
虞书·皋陶谟.txt	2021/8/11 21:30	文本文档	2 KB
虞书·舜典.txt	2021/8/11 21:30	文本文档	4 KB
虞书·尧典.txt	2021/8/11 21:30	文本文档	2 KB

图 5-8　文件存放示例

常以书中的一章作为一个 txt 文件,且文件中存在一些特殊标记和字符,我们需要对 txt 文件进行适当清洗与合并,方能制作出符合条件的训练与验证文件。

我们使用如下代码对数据加以清洗。

```python
import pandas as pd
import re
import random
from collections import Counter
import os
from tqdm import tqdm

# 遍历文件夹下的全部文件,提取每个文件的相对路径
def fun(path):
    fileArray = []
    for root, dirs, files in os.walk(path):
        for i in files:
            eachpath = str(root + '/' + i).replace('\\','/')
            fileArray.append(eachpath)
    return fileArray


def read_wash(path):
    with open(path, 'r', encoding='utf-8') as f_txt:
# 以 utf-8 的格式打开,除该格式外,常见的古文文本存储方式还有 utf-16,unicode 等
        lines = f_txt.read().splitlines()
# 以 splitlines() 方法读取文本,好处在于可以去除段落前后的特殊标记(如\n,\r\n 等)
        new_lines = []
        for i in lines:
            i = re.sub('\r\n|I(.*)|[.*]|【.*】|\u3000','',i)
            # 用正则表达式去除特殊的符号,主要是文中的注释信息和提示信息
            new_lines.append(i)
        new_lines = [i for i in new_lines if i!='']
        newer_lines = [i for i in new_lines if '◇' not in i and '◎' not in i and '□' not in i and len(i) >20]
        # 用列表解析式删除不符合条件的列,被排除的列一般为人名、文章题名和文章题材的介绍
        return newer_lines
```

```
def write_txt(path,content):
    with open(path, 'w',encoding = 'utf-8') as f_txt:
        for j in content:
            f_txt.write(str(j) + '\n')

def main():
    path = '尚书'
    filearray = fun(path)
    for i in tqdm(filearray):
        lines = read_wash(i)
        # print(lines)
        write_txt(path +'/' + i.split('/')[-1],lines)

# 将结果重新写入原文件夹的 txt 中
if __name__ == '__main__':
    main()
```

语料清洗完毕后,需要按比例拆分数据集,完成训练集和测试集数据的划分。在预训练任务中,这一比例通常为 99:1,即 99 份训练集和 1 份验证集,我们可以通过 sklearn 包的 train_test_split 方法快速简易地实现这一功能。

```
import os.path
from tqdm import tqdm
importnumpy as np
import random
from sklearn.model_selection import train_test_split
# 切分数据集的主要模块

def load_data(filepath = None):    # 加载文件夹内所有数据
    with open(filepath, 'rt', encoding = 'utf-8') as f:
        data = [line for line in f.read().splitlines() if len(line) > 0 and not line.isspace()]
    return data

def train_test_divide(dataset):    # 读取数据文件并划分为训练集、测试集
    train_dataset, test_dataset = train_test_split(dataset, test_size = 0.01)
```

```
    with open('train.txt', 'w+', encoding='utf-8') as tr:
        tr.writelines(td + '\n' for td in train_dataset)
    with open('test.txt', 'w+', encoding='utf-8') as te:
        te.writelines(td + '\n' for td in test_dataset)
    return train_data, test_data

# 将一个文件夹下的多个 txt 的数据合并
def data_merge(folder):
    paths = [os.path.join(folder,f) for f in os.listdir(folder)]
    with open('data_reviesed_merged.txt','w+',encoding='utf-8') as dmf:
        for p in tqdm(paths):
            with open(p,'rt',encoding='utf-8') as pf:
                dmf.writelines(pf.readlines())


if __name__ == '__main__':
    data_merge('尚书')
    data = load_data('data_reviesed_merged.txt')
        train_test_divide(data=data)
```

最后的测试集与训练集中保证每一行都是古籍中的一个段落内容,每一行的内容不应该过长,因为 BERT 模型最多只能读入长度 512 的序列,超过极大值会自动将句子截断。下图 5-9 为部分数据的格式。该 txt 文件使用 emeditor 软件打开。

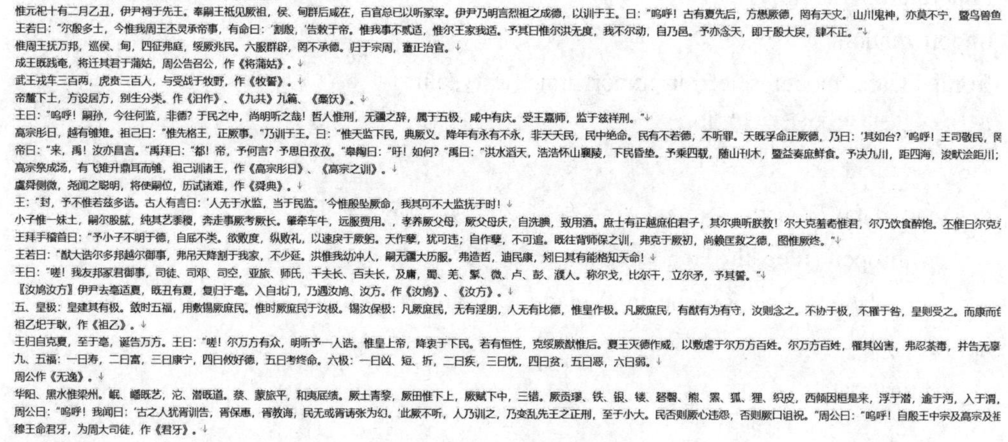

降监殷民，用乂仇敛，召敌仇不怠。罪合于一，多瘠罔诏。↓
惟元祀十有二月乙丑，伊尹祠于先王。奉嗣王祗见厥祖，侯、甸群后咸在，百官总已以听冢宰。伊尹乃明言烈祖之成德，以训于王。曰："呜呼！古有夏先后，方懋厥德，罔有天灾。山川鬼神，亦莫不宁，暨鸟兽鱼
王若曰："尔殷多士，今惟我周王丕灵承帝事，有命曰：'割殷，'告敕于帝。惟我事不贰适，惟尔王家我适。予其曰惟尔洪无度，我不尔动，自乃邑。予亦念天，即于殷大戾，肆不正。"↓
惟周王抚万邦，巡侯、甸，四征弗庭，绥厥兆民。六服群辟，罔不承德。归于宗周，董正治官。↓
成王既践奄，将迁其君于蒲姑，周公告召公，作《将蒲姑》。↓
武王戎车三百两，虎贲三百人，与受战于牧野，作《牧誓》。↓
帝釐下土，方设居方，别生分类。作《汩作》、《九共》九篇、《槀饫》。↓
王曰："呜呼！嗣孙，今往何监，非德？于民之中，尚明听之哉！哲人惟刑，无疆之辞，属于五极，咸中有庆。受王嘉师，监于兹祥刑。"↓
高宗肜日，越有雊雉。祖己曰："惟先格王，正厥事。"乃训于王。曰："惟天监下民，典厥义。降年有永有不永，非天夭民，民中绝命。民有不若德，不听罪。天既孚命正厥德，乃曰：'其如台？'呜呼！王司敬民，
帝曰："来，禹！汝亦昌言。"禹拜曰："都！帝，予何言？予思日孜孜。"皋陶曰："吁！如何？"禹曰："洪水滔天，浩浩怀山襄陵，下民昏垫。予乘四载，随山刊木，暨益奏庶鲜食。予决九川，距四海，浚畎浍距川；
高宗祭成汤，有飞雉升鼎耳而雊，祖己训诸王，作《高宗肜日》、《高宗之训》。↓
虞舜侧微，尧闻之聪明，将使嗣位，历试诸难，作《舜典》。↓
王："封，予不惟若兹多诰。古人有言曰：'人无于水监，当于民监。'今惟殷坠厥命，我其可不大监抚于时！↓
小子惟一妹土，嗣尔股肱，纯其艺黍稷，奔走事厥考厥长。肇牵车牛，远服贾用。，孝养厥父母，厥父母庆，自洗腆，致用酒。庶士有正越庶伯君子，其尔典听朕教！尔大克羞耇惟君，尔乃饮食醉饱。丕惟曰尔克
王拜手稽首曰："予小子不明于德，自底不类。欲败度，纵败礼，以速戾于厥躬。天作孽，犹可违；自作孽，不可逭。既往背师保之训，弗克于厥初，尚赖匡救之德，图惟厥终。"↓
王若曰："猷大诰尔多邦越尔御事，弗吊天降割于我家，不少延。洪惟我幼冲人，嗣无疆大历服。弗造哲，迪民康，矧曰其有能格知天命！↓
王曰："嗟！我友邦冢君御事，司徒、司邓、司空，亚旅、师氏，千夫长、百夫长，及庸，蜀、羌、髳、微、卢、彭、濮人。称尔戈，比尔干，立尔矛，予其誓。"↓
【汝鸠汝方】伊尹去亳适夏，既丑有夏，复归于亳。入自北门，乃遇汝鸠、汝方。作《汝鸠》、《汝方》。↓
五、皇极：皇建其有极。敛时五福，用敷锡厥庶民。惟时厥庶民于汝极。锡汝保极：凡厥庶民，无有淫朋，人无有比德，惟皇作极。凡厥庶民，有猷有为有守，汝则念之。不协于极，不罹于咎，皇则受之。而康而
祖乙圮于耿，作《祖乙》。↓
王归自克夏，至于亳，诞告万方。王曰："嗟！尔万方有众，明听予一人诰。惟皇上帝，降衷于下民。若有恒性，克绥厥猷惟后。夏王灭德作威，以敷虐于尔万方百姓。尔万方百姓，罹其凶害，弗忍荼毒，并告无辜
九、五福：一曰寿，二曰富，三曰康宁，四曰攸好德，五曰考终命。六极：一曰凶、短、折，二曰疾，三曰忧，四曰贫，五曰恶，六曰弱。↓
周公作《无逸》。↓
华阳、黑水惟梁州。岷、嶓既艺，沱、潜既道。蔡、蒙旅平，和夷厎绩。厥土青黎，厥田惟下上，厥赋下中，三错。厥贡璆、铁、银、镂、砮磬、熊、罴、狐、狸、织皮，西倾因桓是来，浮于潜，逾于沔，入于渭，
周公曰："呜呼！我闻曰：'古之人犹胥训告，胥保惠，胥教诲，民无或胥诪张为幻。'此厥不听，人乃训之，乃变乱先王之正刑，至于小大。民否则厥心违怨，否则厥口诅祝。"周公曰："呜呼！自殷王中宗及高宗及祖
穆王命君牙，为周大司徒，作《君牙》。↓

图 5-9 数据格式示例

(3) 关于预训练模型训练和使用的几个注意事项

在模型的预训练和下游任务的使用中,我们可能会遇到不同的报错,大多数报错是因依赖 Python 库的版本或数据格式不一致导致的。本部分介绍实验中两个常见报错的解决方法。

(1) 错误1:预训练与下游任务使用的 pytorch 版本不一致。

使用较高版本的 pytorch(1.6 版本及以上)训练出的预训练模型,如果在较低版本的环境中加载时会出现如下报错:

```
pytorch_model.bin is a zip archive(did you mean to use torch.jit.load()?)
```

这是因为 pytorch 1.6 及之后,更换了保存模型文件的方式。默认使用 zip 文件格式来保存权重文件,导致这些权重文件无法直接被1.5及以下的 pytorch 加载。解决此问题需要使用如下代码重新加载模型并保存。

```
import torch
# 此时的 pytorch 版本需要与预训练时使用的版本相一致
state_dict = torch.load('output/pytorch_model.bin', map_location="cpu")
# 用 cpu 加载预训练好的模型
torch.save(state_dict, 'pytorch_model.bin', _use_new_zipfile_serialization=False)
# 重新保存模型,此时的模型将不再以 zip 形式保存,可直接被所有版本的 pytorch 用于执行下游任务
```

(2) 错误2:强行将 pytorch 训练出的模型和 tensorflow 训练出的模型互相转换,导致模型参数转化异常。

目前,主要的开源代码是由 tensorflow 和 pytorch 两种框架分别编写的,实现具体任务的代码可能只有 pytorch 版或 tensorflow 版,对于基于 tensorflow 的代码来说,必然不能直接使用 pytorch 版本的模型用于训练。根据我们的实践经验,pytorch 版本的 BERT 模型转 tensorflow 模型可以参照 Huggingface 官方提供的代码进行转换,官方链接如下:

https://github.com/huggingface/transformers/blob/master/src/transformers/models/bert/convert_bert_pytorch_checkpoint_to_original_tf.py

该代码已迁移至我们的 GitHub 仓库中,使用时只需修改 main() 函数中的几个参数值即可,几项参数的含义已在如下代码块中列出,建议使用3.7 版本以上的 Python 和 1.15.0 版本以上、2.0 版本以下的 tensorflow 运行。

```
if __name__ == '__main__':
# 需修改的参数,主要为 bin 文件的输入路径和 ckpt 文件的输出路径。
    bin_path = r'/home/admin/pretrain_models/sikuroberta_vocabtxt'
    bin_model = 'pytorch_model.bin'
```

```
ckpt_path = r'/home/admin/pretrain_models/sikuroberta_vocabtxt_ckpt'
ckpt_model = 'bert_model.ckpt'

convert(bin_path, bin_model, ckpt_path, ckpt_model)
```

  pytorch 模型向 tensorflow 模型转换时可能会面临某些问题,但其逆向操作却不存在这些问题。如果研究者希望采用 tensorflow 去预训练模型,并转化为 pytorch 版本的话,可以采取 Huggingface 提供的服务。

  我们准备如下的 sh 文件:

```
export BERT_BASE_DIR=/home/learn/bert/output/model
# 待转换的模型位置
transformers-cli convert --model_type bert \
# tansformers 模块的模型转化服务
    --tf_checkpoint $BERT_BASE_DIR/model.ckpt-1800000 \
# 使用 tensorflow 训练出的最终模型位置
    --config $BERT_BASE_DIR../config/config.json \
# 模型的配置文件
    --pytorch_dump_output $BERT_BASE_DIR/pytorch_model.bin
# 转化后模型的输出位置
```

  这样就可以把使用 tensorflow 框架预训练的 BERT 模型转化为 pytorch 的版本,从而能够在不同的框架下调用了。

课后习题

  (1) 利用自监督学习方法预训练语言模型来学习领域文本语言特征已经成为自然语言处理研究中必不可缺的内容,请结合本章所学内容,基于古汉语典籍语料,手动实现古汉语领域的 BERT 预训练模型。

  (2) 请结合本教材其他部分的内容,将基于习题 1 预训练的模型应用到古汉语序列标注、文本分类等任务中。

第六章 数字人文下的知识图谱构建及应用

古汉语典籍是中华民族传统文化的重要组成部分,利用数字化的方式来进行人文研究,将计算机技术应用到人文研究的领域,不仅是对优秀文化的传承,更是对传统文化的创新和发展。使用自然语言处理技术从古汉语典籍中获取所需各类知识后,一般以知识图谱为媒介进行知识的组织、存储和呈现,其所特有的图数据结构能够为数字人文研究提供更加丰富的知识分析视角,也能够为研究成果的推广和普及提供更加直观的呈现结果。

本章首先介绍知识图谱的基本知识,包括知识图谱的发展历程、与之密切关联的本体、语义网等概念,同时从应用角度介绍基于知识图谱的自动问答研究,自动问答系统涉及的相关机器学习技术及深度学习技术等概念。之后从数字人文视角出发,构造古汉语典籍领域的知识图谱的自动问答系统,并以《左传》为具体研究对象,在此基础上使用支持向量机(SVM)算法实现问句的意图识别,基于 BERT-BiLSTM-CRF 的深度学习算法实现问句的实体识别功能,再通过构造 Cypher 查询表达式在 Neo4j 数据库中检索并返回结果;前端则基于 Flask 框架搭建展示平台供用户使用,最终实现问答系统的搭建。该问答系统可以实现古文领域问题的智能检索,具有应用价值。

- 知识要点

语义网、本体、关联数据、知识图谱、知识问答和知识推理

- 应用系统

基于领域知识图谱的自动问答系统

6.1 知识图谱构建的基本知识

(1) 知识图谱

知识图谱简单来说就是用图结构表示概念属性及概念之间语义关系的知识库,一般认为由谷歌在 2012 年提出,用于提高搜索引擎的检索质量,尤其是实现语义知识的检索。知识图谱的优势在于,使用图形结构表示语义较之自然语言要更加丰富,因而能够实现包含更多语义知识的检索、推理和问答等,而这也使其成为目前自然语言处理中炙手可热的研究领域。知识图谱的概念与语义网和关联数据密切相关,其构建也需要本体的支持,因而可以看作对语义网的继承和发展。知识图谱兴起于深度学习时代,因

而深受深度学习技术的影响,尤其是在知识表示上,使用表示学习方法从大规模语料中自动获取知识的表示,成为相关技术的主要突破点,已得到大量的关注和认可。数字人文近年来也越来越多地使用知识图谱相关技术来表示知识资源,典型的有 CBDB 宋代文人学术师承关系的知识图谱、中国历代存世典籍知识图谱等。

(2) 语义网

语义网是关于数据的网络,由互联网创始人 Tim Berners-Lee 提出,旨在用链接的形式表示网络中所有数据之间的语义关联。语义网提出至今构建了包含关联数据、词汇、查询和推理的模型框架,框架各部分都有专用的描述技术,如 RDF、SPARQL、OWL和 SKOS 等。在数字人文领域中,语义网常被借用于表示知识之间的语义关联,如历史事件相关的时间、地点、人物等,使用语义网表示之后,更利于查询和推理。

(3) 本体

本体也可以叫作词汇,用于在语义网中表示具体的概念和关系,是对抽象概念的描述和界定。对于一个术语来说,本体明确定义了它的使用场合,界定了可能存在的关联,同时规定了使用的限制情况。比如在数字人文中,常见围绕人物构建的本体,那么可以定义其相关的属性如姓名、性别、出生地、官职等,可以定义其相关的关系如君臣、父子、兄弟、朋友等。通过事先定义的本体,可以更全面地描述历史事件中的人物。

(4) 关联数据

在语义网的框架中,大规模的数据需要通过统一标准格式来表示。除此之外,数据之间的关联也需要有效表示。网络中相互关联的数据集可以叫作关联数据。关联数据的构建需要 RDF 的支持,同时还需要面向关联数据库资源的查询能力,如 SPARQL。典型的关联数据有 DBPedia,即一个使用 RDF 描述的维基百科。在数字人文中,关联数据的应用主要体现在大规模数字资源的构建中,典型的有上海图书馆的家谱知识库。

(5) 知识表示与表示学习

知识表示是知识图谱构建的基础,使用图的框架定义了知识的基本结构。一般来说,知识可以表示为一个三元组 <Entity1, Relation, Entity 2>,即实体和实体之间的关系,知识图谱使用一个有向图 G = <V, E> 来表示这样的三元组,即顶点 V 对应于三元组中的实体,边 E 对应于三元组中的关系。知识图谱一般沿用语义网中的 RDFS 和 OWL2 等成熟的本体语言来规定知识表示的具体实现形式,通过统一的本体语言构建的知识图谱可以共同构建成为一个开放的知识图谱资源,如中国中文信息学会倡导的 OpenKG. CN 社区项目就是使用源于 RDF Schema 的 Schema. org 数据模型构建的。

表示学习与知识表示密切相关,其更注重知识表示过程中对具体知识的自动获取这一过程。使用传统的知识表示方法,需要大量的人力才能构建出较为完整的知识图谱,而表示学习则希望通过机器学习的方式自动获取知识的表示。相关模型框架类似于早期的实体识别或实体链接,只不过需要在识别实体的基础上,进一步判断实体之间的关系是否是任务所需要的。

(6) 知识问答与知识推理

运用知识图谱进行知识问答或知识推理,有别于单纯的自然语言处理中的相关方法。这类方法会充分利用知识的图结构特点,尤其是通过属性和关系来沿着知识图谱中的图获取所需答案。比如构建春秋鲁国君主知识图谱,若包含父子关系就可以回答"谁是谁的父亲""谁是谁的儿子",甚至"谁是谁的兄弟"或"谁是谁的曾孙"这类问题。可以看出,这类知识问答或知识推理对知识图谱本身知识表示的丰富程度具有较高的要求,越丰富的知识图谱就越可以实现复杂的知识问答和推理。

6.2 数字人文视角下的知识图谱及应用

数字人文视角下的知识图谱研究大多集中于知识图谱的构建及可视化层面,如张云中等[1]以 CBDB、上图人名规范库等研究资料为数据来源,在 CBDB 数据库框架的基础上析取和完善历史文化名人游学足迹关系数据模型,借助多种工具分别进行数据的存储、转化与发布、浏览查询与可视化,最终实现历史文化名人游学足迹知识图谱的构建与展示。周莉娜等[2]以大规模唐诗数据为基础构建唐诗知识图谱,采用知识抽取、知识融合、知识推理等技术,实现了对大规模唐诗数据的语义化处理,并设计了基于唐诗知识图谱的智能知识服务平台 KnowPoetry,用于提供唐诗领域的知识探索、时空轨迹、语义查询等智能化知识服务。杨海慈等[3]基于中国历代人物传记资料库数据,利用知识图谱的原理和方法描述宋代文人的学术师承关系,在此基础上开发了"宋代学术语义网络"平台展示知识图谱的知识架构和数据内容,该图谱包括多种实体和关系,为历史学相关问题的研究提供了直观、高效、易用的工具。

机器学习技术、深度学习技术的发展在古籍的文本深度挖掘层面得到了充分的融合和使用。如清华大学团队[4]研发的"九歌人工智能诗歌写作系统"实现了古诗词的创

---

[1] 张云中,孙平. 历史文化名人游学足迹知识图谱的构建与可视化[J]. 图书馆杂志,2021,40(9):81-87+96.

[2] 周莉娜,洪亮,高子阳. 唐诗知识图谱的构建及其智能知识服务设计[J]. 图书情报工作,2019,63(2):24-33.

[3] 杨海慈,王军. 宋代学术师承知识图谱的构建与可视化[J]. 数据分析与知识发现,2019,3(6):109-116.

[4] Guo, Z. P., Yi, X. Y., Sun, M. S., et al. Jiuge: A human-machine collaborative chinese classical poetry generation system[C]//Proceedings of the 57th annual meeting of the Association for Computational Linguistics: system demonstrations. 2019: 25-30.

作,不仅体裁、韵律合乎规范,风格方面也同样具有意境;王东波等[1]在 BERT 基础上发布的基于《四库全书》语料训练得到的古籍领域的预训练模型 SikuBERT 和 SikuRoBERTa,在多个任务上表现优异。而从数字人文视角出发,当前关于古文典籍领域的自动问答研究较少,比较相关的是中科院王树西等[2]开发的红楼梦人物关系自动问答系统,该系统采用自然语言问答的方式实现了人机交互,但是受知识库规模及模式匹配算法的局限,该系统仍有很大改进空间。除此之外,王东波等[3]对先秦典籍问句的自动分类进行了研究,该研究构建了古文文献问句的分类体系,并比较了支持向量机、条件随机场、深度学习模型完成针对先秦 10 部典籍的问句自动分类实验的效果。但是该研究也仅仅侧重于问答系统的问句分类模块,并未完成整个系统的搭建及使用。

6.3 基于领域知识图谱的自动问答研究

(1) 工作流程设计

为了详细说明本问答系统的构造方法,需从该系统的工作流程进行分析,具体如图 6-1 所示:

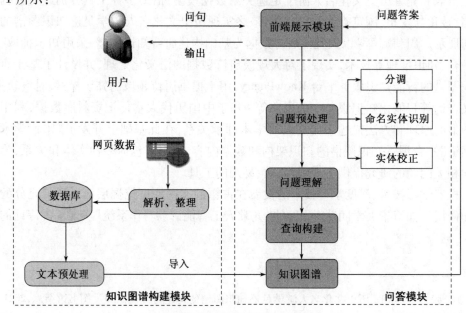

图 6-1 系统工作流程图

---

① 王东波,刘畅,朱子赫,等. SikuBERT 与 SikuRoBERTa:面向数字人文的《四库全书》预训练模型构建及应用研究[J]. 图书馆论坛,2022,42(6):31-43.

② 王树西,刘群,白硕. 一个人物关系问答的专家系统[J]. 广西师范大学学报(自然科学版),2003(A01):6.

③ 王东波,高瑞卿,沈思,等. 基于深度学习的先秦典籍问句自动分类研究[J]. 情报学报,2018,37(11):1114-1122.

从图6-1可知,当问答系统启动后,前端展示模块运行,用户输入问题后,向后端请求服务,首先问句将经过分词处理、向量化处理,经过实体识别模块处理后返回问句中的实体,同时经过训练好的SVM意图分类器处理返回对应的用户意图,此时获得实体及意图两个重要部分,下一步经程序处理构造数据库Cypher查询语句,向Neo4j数据库请求服务,查询后返回结果,如得到答案返回给前端进行展示,如无查询结果则返回相应提示。该系统前期的知识图谱构建主要通过人工完成,获取原始数据并经过人工清洗得到结构化数据,处理完毕后存入Neo4j数据库中供系统调用。

(2) 总体架构设计

本古汉语典籍问答系统采用B/S架构,主要功能模块由Python语言编写实现,前端通过浏览器的方式与用户进行交互[①]。

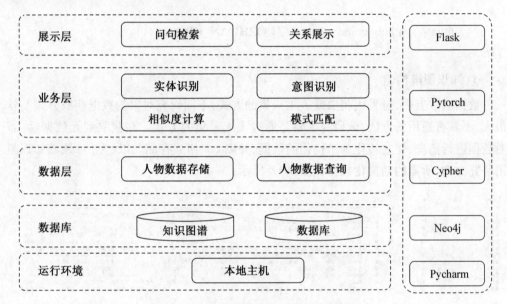

图6-2 古汉语典籍问答系统总体架构图

如图6-2所示,本问答系统的总体架构可分为数据库存储、数据层、业务层、展示层,实现了数据的输入存储到用户提问、系统分析处理、问句结果的返回等功能。展示层也即直接与用户进行交互的页面,可通过普通浏览器直接使用此古汉语典籍问答系统,用户在检索框输入问句进行检索,等待片刻即可获得结果;业务层主要为问答系统的功能模块,如实体识别模块、意图识别模块、词语形似度计算模块、数据库交互模块等,为问答系统的核心部分;数据层也即问答系统的数据及其相关的组件,如图6-2数据库Neo4j用于存储结构化知识从而构建知识图谱,人名关键词等文件用于提高系统的匹配速度。

---

① 刘欢,刘浏,王东波.数字人文视角下的领域知识图谱自动问答研究[J].科技情报研究,2022,(1):46-59.

(3) 问答系统实现

上文对基于领域知识图谱的问答系统从工作流程及总体架构进行了分析,可知系统的实现分为五部分:(1) 知识图谱构建,该部分基于 Neo4j 数据库实现了知识图谱的构造,主要提供数据库存储及查询功能;(2) 意图分类模块,此部分采用 SVM 算法实现用户问句的意图识别;(3) 实体识别模块,此模块基于 BERT-LSTM-CRF 实现用户问句中的实体抽取;(4) 答案查询模块,此部分在系统完成意图识别及实体抽取后,构造 Cypher 查询语句,与 Neo4j 数据库交互并返回查询结果;(5) 平台展示,此部分采用 Flask 框架实现完整的系统功能,并提供用户使用的前端界面。下面将对每部分涉及的代码进行详细说明。

因篇幅限制,对代码进行了精简,本项目完整代码见:

https://github.com/veigaran/ZUOZHUAN_KBQA

① 知识图谱构造

数据获取方面,可采用爬虫或人工采集的方式,不同研究对象的数据获取方式差异很大,不具有通用的方法,该研究主要是通过人工采集的方式。在获取到元数据后,需对数据进行清洗,使之转化为结构化的数据,并以 csv 格式存储。以《左传》领域知识图谱研究为例,所需的结构化数据如图 6-3 所示;

人物	别名	姓	氏	名	国家	父亲	母亲	子女	妻子或丈夫	兄弟、	臣或君
person	Alias	surname	shi	ming	country	father	mother	children	wife	brother	JunCheng
鲁隐公		姬		息姑	鲁	鲁惠公	声子			鲁桓公、施父	公子翚、无骇、公子益师、公子弘、挟、公子豫
鲁桓公		姬		允、	鲁	鲁惠公	仲子	鲁庄公、孟庆父、叔牙、季友	文姜	鲁隐公、施父	羽父、柔
鲁庄公		姬		同	鲁	鲁桓公	文姜	鲁闵公、鲁僖公、子般、公子遂	叔姜、孟任、成风	孟庆父、叔牙、季友	公子庆父、季友、臧文仲、叔牙、公子溺、公子结
鲁闵公		姬		启	鲁	鲁庄公	叔姜			鲁僖公、子般、公子遂	季友、臧文仲、公孙兹、孟穆伯、公子买、东门襄仲
鲁僖公		姬		申	鲁	鲁庄公	成风	鲁文公	声姜	鲁闵公、子般、公子遂	季友、臧文仲、公孙兹、孟穆伯、公子买、东门襄仲
鲁文公		姬		兴	鲁	鲁僖公	声姜	鲁宣公、公子恶、公子视、叔肸	出姜、敬嬴		孟穆伯、东门襄仲、叔孙庄叔、季文子、臧文仲
鲁宣公		姬		俀	鲁	鲁文公	敬嬴	鲁成公, 公子偃, 公子鉏	穆姜	视	季孙行父、仲孙蔑、叔孙侨如
鲁成公		姬		黑肱	鲁	鲁宣公	穆姜	鲁襄公、公衡	齐姜、定姒	公子偃, 公子鉏	季孙行父、仲孙蔑、叔孙侨如
鲁襄公		姬		午	鲁	鲁成公	定姒	鲁定公, 鲁昭公, 子野	敬归、齐归	公衡	叔孙豹、孟孝伯、季武子
鲁昭公		姬		稠	鲁	鲁襄公	齐归	公为, 公果, 公衍, 公贲	孟子	鲁定公、子野	季孙宿、叔孙婼、仲孙貜、仲孙何忌、叔孙不敢
鲁定公		姬		宋	鲁	鲁襄公		鲁哀公		鲁定公、子野	季孙意如、叔孙不敢、仲孙何忌、季孙斯、叔孙州仇、阳虎、孔子
鲁哀公		姬		将	鲁	鲁定公		鲁悼公, 孺子, 公子荆			季孙斯、叔孙州仇、仲孙何忌、季孙肥、叔孙舒、仲孙彘

图 6-3 结构化数据示例

准备好结构化数据后,应根据需求及研究目的来确定数据中的实体、属性,以及实体间的关系。以本研究为例,确定了七类实体,分别为人物(person)、国家(state)、学派(school)、别名(alias)、等级(rank)、领域(field)、姓氏(surname),规定了人物的生卒年、氏、名、在位时间、作品、谥号等属性,同时确定了人物彼此之间 13 种常见关系。

图谱搭建环节采用 Neo4j 数据库进行存储及展示,Neo4j 数据库导入数据也有多种方式,本研究基于 Python 的 py2neo 模块进行搭建,代码如下:

```
from py2neo import Graph, Node, Relationship
import pandas as pd
import re
import os
```

```python
class PersonGraph:
    def __init__(self):
        self.data_path = os.path.join(cur_dir, r'F:\OneDrive\课程学习资料\大四\0-毕业论文\数据\data.csv')
        self.graph = Graph("http://localhost:7474", username="neo4j", password="123456")

    def read_file(self):
        """
        读取文件,获得实体,实体关系
        :return:
        """

        # 实体
        person = []        # 人物
        alias = []         # 别名
        surname = []       # 姓
        state = []         # 国家
        school = []        # 学派
        rank = []          # 等级
        field = []         # 领域
        person_infos = []

        # 关系
        person_is_alias = []
        person_is_surname = []   # 人物的姓氏
        person_is_state = []
        person_is_rank = []      # 人物的等级

        all_data = pd.read_csv(self.data_path, encoding='utf').loc[:, :].values
        for data in all_data:
            person_dict = {}
            person = str(data[0]).replace("...", "").strip()
            person_dict["person"] = person
```

```python
        # 别名
        alias_list = str(data[1]).strip().split() if str(data[1]) else "未知"
        for al in alias_list:
            alias.append(al)
            person_is_alias.append([person, al])
        # 姓
        surname_list = str(data[2]).strip().split() if str(data[2]) else "未知"
        for s in surname_list:
            surname.append(s)
            person_is_surname.append([person, s])
        # 领域
        field_list = str(data[5]).strip().split() if str(data[5]) else "未知"
        for f in field_list:
            field.append(f)
            person_field.append([person, f])
        person_is_school.append([person, sc])
        # 父亲
        father_list = str(data[7]).strip().split() if str(data[7]) else "未知"
        for fa in father_list:
            person_is_father.append([person, fa])

        # 母亲
        mother_list = str(data[8]).strip().split() if str(data[8]) else "未知"
        for mo in mother_list:
            person_is_mother.append([person, mo])
        # 添加每个属性
        # 氏
        shi = str(data[13]).strip()
        person_dict["shi"] = shi
        # 名
        ming = str(data[14]).strip()
        person_dict["ming"] = ming
        person_infos.append(person_dict)
    #   person_is_father, person_is_mother, person_is_children, \
    #           person_is_wife, person_is_brother, jun_chen,
    return set(person), set(alias), set(surname), set(state), set(rank), set
```

(field), set(school), person_is_alias, \
　　　　person_is_surname, person_is_state, person_is_rank, person_field, person_is_school, person_is_father, person_is_mother, person_is_children, \
　　　　person_is_wife, person_is_brother, jun_chen, person_infos

```
def create_node(self, label, nodes):
    """
    创建节点
    :param label:标签
    :param nodes:节点
    :return:
    """

def create_person_nodes(self, person_info):
    # 用于创建主节点,也即关键实体
    count = 0
    for person_dict in person_info:
        # node = Node("Person", name = person_dict["person"])
        node = Node("Person", name = person_dict["person"], shi = person_dict["shi"], ming = person_dict["ming"],
                    shihao = person_dict["shihao"], birth_death = person_dict["birth_death"],
                    office_time = person_dict["office_time"], event = person_dict["event"], work = person_dict["work"])
        self.graph.create(node)
        count += 1
        print(count)
    return

def create_graphNodes(self):
    # 创建实体的属性
    person, alias, surname, state, rank, field, school, person_is_alias, person_is_surname, person_is_state, \
    person_is_rank, person_field, person_is_school, person_is_father, person_is_mother, person_is_children, \
    person_is_wife, person_is_brother, jun_chen, person_infos = self.read_
```

```
file()
        self.create_person_nodes(person_infos)
        self.create_node("Person", person)
        self.create_node("alias", alias)
        self.create_node("surname", surname)
        self.create_node("state", state)
        self.create_node("rank", rank)
        self.create_node("field", field)
        self.create_node("school", school)
        return

    def create_graphRels(self):
        # 创建实体间联系
        person, alias, surname, state, rank, field, school, rl_alias, rl_surname, rl_state, \
        rl_rank, rl_field, rl_school, person_is_father, person_is_mother, person_is_children, \
            person_is_wife, person_is_brother, jun_chen, person_infos = self.read_file()
        # print(person_is_alias)
        # 创建人物实体及别名实体间联系
        self.create_relationship("Person", "alias", rl_alias, "person_is_alias", "别名是")
        self.create_relationship("Person", "surname", rl_surname, "person_is_surname", "姓为")
        self.create_relationship("Person", "school", rl_school, "person_is_school", "学派是")
        self.create_relationship("Person", "Person", person_is_father, "person_is_father", "父亲是")
        self.create_relationship("Person", "Person", person_is_mother, "person_is_mother", "母亲是")
        self.create_relationship("Person", "Person", person_is_wife, "person_is_wife", "配偶是")
        self.create_relationship("Person", "Person", person_is_brother, "person_is_brother", "兄弟是")
        self.create_relationship("Person", "Person", jun_chen, "jun_chen", "君臣
```

是")

```
if __name__ == "__main__":
    handler = PersonGraph()
    handler.create_graphNodes()
    handler.create_graphRels()
```

如上述代码所示，需根据研究目的对 create_person_nodes、create_graphNodes、create_graphRels 三部分函数的代码进行更改，更改后可实现知识图谱的构建。

② **意图识别模块**

本教程所实现的意图识别基于规则的方式对问句进行处理而实现，本质上为一个文本分类任务，可通过构建多分类器实现，在具体实现上可采用多种算法，如 Naive-Bayes 算法、SVM 算法等，可通过人工构造问句模板及问句数据集作为训练语料，之后进行多分类器的训练，保存模型到本地供进一步调用。在问句训练集构造上，可使用手工定义的方式确定基本的问句模板，再通过 Python 脚本进行替换，快速生成多个样本。示例问句样本（csv 格式）：

```
query_fatherXXX 的父亲是谁？
query_fatherXXX 的爸爸是谁？
query_fatherXXX 的父亲叫什么名字？
query_fatherXXX 的老爸叫啥？
```

在构造如上述基本问句模板后，可通过 Python 脚本对关键词进行替换，生成大量问句，进行替换脚本文件如下：

```python
from random import choice
import pandas as pd

def main(query_path, med_path, output):
    # 读取模版文件
    df = pd.read_excel(query_path, names=None, header=None, dtype=object)
    query_alias = []
    query_father = []
    query_mother = []
    """
    为节省篇幅，后续基本问句省略
    """
    for i in range(len(df[0])):
```

```
            if df[0][i] == "query_alias":
                query_alias.append(df[1][i])
            if df[0][i] == "query_father":
                query_father.append(df[1][i])
            if df[0][i] == "query_mother":
                query_mother.append(df[1][i])
# 读取问句数据
df_m = pd.read_excel(per_path, names = None)
person = [i for i in set(df_m['name_zh'])]
# 保存到新的 pd.Dataframe 中后存为新的 xlsx 文件
df_total = pd.DataFrame(columns = ("label", "query"))
j = 0
for q in query.values():
    for item in q:
        i = 0
        while i < 20:
            df_total.loc[j] = [list(query.keys())[list(query.values()).index(q)],
                               item.replace("XXX", choice(person))]
            i += 1
            j += 1
writer = pd.ExcelWriter(output)
df_total.to_excel(writer, encoding = 'utf-8')
writer.save() # 保存到本地
```

通过上述代码,可快速生成大量问句作为训练多分类器的语料。以本研究为例,上述代码所需的"person"数据来源于经过清洗的结构化数据的人物一栏,也即本知识图谱最关键的人物实体,在其他研究中需进行更改。

意图识别分类器是基于机器学习开源包 scikit-learn 包下的 SVM 算法,其可方便地实现分类器的训练及保存,具体训练代码如下:

```
"""
1. 文本向量化
2. 构建分类模型
3. 模型测试及预测
"""
import pickle
```

```python
import jieba
import pandas as pd
from sklearn.externals import joblib
from sklearn.utils import shuffle
from sklearn import metrics
from sklearn.naive_bayes import MultinomialNB

vocab_path = r'F:\A 文档\python 学习\ \代码\data\vocab.txt'
stopwords_path = r'F:\A 文档\python 学习\代码\data\stop_words.utf8'

def readData(path):
    # 读取本地问句集
    data1 = pd.read_excel(path, names=None, dtype=object, columns=["query", 'label"])
    data = shuffle(data1)
    dataMat = [i for i in data["query"]]
    labelMat = [i for i in data["label"]]
    # 切分训练集
    trainData = dataMat[601:]
    trainLabel = labelMat[601:]
    # 切分训练集
    testData = dataMat[:400]
    testLabel = labelMat[:400]
    print(len(dataMat), dataMat[0:10], '\n', labelMat[0:10])
    train = [trainData, trainLabel]
    test = [testData, testLabel]
    return train, test


def cutWords(data_list):
    # 问句分词,返回词语组成的列表
    cutString = []
    for i in data_list:
        res = ''
        textcut = jieba.cut(i)
        for word in textcut:
```

```python
            res += word + ' '
        cutString.append(res)
    return cutString

def svm(trainFile):
    # SVM 训练主函数
    train, test = readData(trainFile)
    # test = readData(testFile)

    train_dataMat = cutWords(train[0])
    train_labelMat = train[1]
    test_dataMat = cutWords(test[0])
    test_labelMat = test[1]

    # tfidf = TfidfVectorizer(stop_words = stop_words, max_df = 0.5)
    tfidf = TfidfVectorizer(sublinear_tf = True, min_df = 5, ngram_range = (1, 2))
    train_features = tfidf.fit_transform(train_dataMat)
    print(train_features.shape)
    # 词向量转换
    test_features = tfidf.transform(test_dataMat)
    print(test_features.shape)
    # 保存词向量
    path1 = './model/tf.pkl'
    with open(path1, 'wb') as fw:
        pickle.dump(tfidf, fw)
    joblib.dump(tfidf, "./model/tf_idf.m")
    print("tf is done")
    # 分类器设置
    clf = LinearSVC(C = 1.0, class_weight = None, dual = True, fit_intercept = True,
                    intercept_scaling = 1, loss = 'squared_hinge', max_iter = 1000,
                    multi_class = 'ovr', penalty = 'l2', random_state = None,
                    tol = 0.0001, verbose = 0)

    # 模型训练
    clf.fit(train_features, train_labelMat)
    # 模型保存
```

```
        joblib.dump(clf,"./model/SVM.m")
        print("svm is done")
        # 模型评价,a、p、r、f 值
        print(clf.score(train_features,train_labelMat))
        return clf,tfidf
if __name__ == '__main__':
    # trainFile = r'F:\A 文档\python 学习\ \Code\data\query6_8.xlsx'
    # clf_svm, tfidf = svm(trainFile)

    nb_test_path = r'./model/SVM.m'    # 测试 nb 模型

    tfidf_model = pickle.load(open(tfidf_path,"rb"))
    nb_model = joblib.load(nb_test_path)

    print('开始测试')
    s = "鲁桓公的子女有哪些?"
    tfidf_feature = tfidf_features(s,tfidf_model)
    predicted = model_predict(tfidf_feature,nb_model)

    # predict_type = model_predict(s,clf_svm,tfidf)
    # # p = model_predict(s,clf_nb,tfidf)
    print(predicted)
```

训练完成后,可在控制台得到模型的指标,同时在本地生成对应的分类模型,供下一步使用。

③ 实体识别模块

实体识别模块采用 BERT-LSTM-CRF 算法,可实现对用户输入问句中实体的抽取。同时,因本次研究涉及的实体核心为人名,其他的如国家、等级、流派等数量极少,可直接通过列举的方式进行抽取,故训练语料采用 98 版《人民日报》标注语料,主要使用其已标注准确的人名实体。

a)数据处理

语料的标注,采用{B、I、E、O、S}方式对实体进行标注,示例如下:

李 白 是 个 诗 人|||B-PER E-PER O O O O

对语料处理完成后,保存为训练集及测试集供下一步使用。

b) 模型参数设置

```
# 读取训练集、测试集等文件
self.label_file = './data/tag.txt'
self.train_file = './data/train.txt'
self.dev_file = './data/dev.txt'
self.test_file = './data/test.txt'
self.vocab = './data/bert/vocab.txt'
# 训练参数设置
self.max_length = 300  #最大长度
self.use_cuda = False
self.dropout1 = 0.5
self.dropout_ratio = 0.5
self.rnn_layer = 1
self.lr = 0.0001    #学习率
self.lr_decay = 0.00001
self.weight_decay = 0.00005
self.checkpoint = 'result/'
self.optim = 'Adam' #优化器
self.base_epoch = 100
```

c) 读取数据

载入训练集、测试集等基本数据

```
vocab = load_vocab(config.vocab)#载入词汇
label_dic = load_vocab(config.label_file)
tagset_size = len(label_dic)
train_data = read_corpus(config.train_file, max_length = config.max_length, label_dic = label_dic, vocab = vocab)
dev_data = read_corpus(config.dev_file, max_length = config.max_length, label_dic = label_dic, vocab = vocab)
```

d) 文本词嵌入(Embedding)

本次实验采用 BERT 模型(https://github.com/google-research/bert),使用前需下载源文件,并放入/data/bert 文件夹内。

```
# 训练集转换
train_ids = torch.LongTensor([temp.input_id for temp in train_data])
train_masks = torch.LongTensor([temp.input_mask for temp in train_data])
train_tags = torch.LongTensor([temp.label_id for temp in train_data])
```

```
    train_dataset = TensorDataset(train_ids, train_masks, train_tags)
    train_loader = DataLoader(train_dataset, shuffle=True, batch_size=config.batch_size)
    # 测试集转换
    dev_ids = torch.LongTensor([temp.input_id for temp in dev_data])
    dev_masks = torch.LongTensor([temp.input_mask for temp in dev_data])
    dev_tags = torch.LongTensor([temp.label_id for temp in dev_data])

    dev_dataset = TensorDataset(dev_ids, dev_masks, dev_tags)
    dev_loader = DataLoader(dev_dataset, shuffle=True, batch_size=config.batch_size)
```

e)模型训练

```
# 开始训练模型
    model = BERT_LSTM_CRF(config.bert_path, tagset_size, config.bert_embedding, config.rnn_hidden, config.rnn_layer, dropout_ratio=config.dropout_ratio, dropout1=config.dropout1, use_cuda=config.use_cuda)
    model.train()

    optimizer = getattr(optim, config.optim) # 优化器
    optimizer = optimizer(model.parameters(), lr=config.lr, weight_decay=config.weight_decay)
    eval_loss = 10000    # 模型损失
    # 迭代次数
    for epoch in range(config.base_epoch):
        step = 0
        for i, batch in enumerate(train_loader):
            step += 1
            model.zero_grad()
            inputs, masks, tags = batch
            inputs, masks, tags = Variable(inputs), Variable(masks), Variable(tags)
            if config.use_cuda:
                inputs, masks, tags = inputs.cuda(), masks.cuda(), tags.cuda()
            feats = model(inputs, masks)
            loss = model.loss(feats, masks, tags)
            loss.backward()
```

```
            optimizer.step()
            if step % 50 == 0:
                print('step:{}| epoch:{}| loss:{}'.format(step, epoch, loss.item()))
            loss_temp = dev(model, dev_loader, epoch, config)
            # 当loss值小于设定值时,退出训练并保存模型
            if loss_temp < eval_loss:
                save_model(model, epoch)
```

此时已完成BERT-LSTM-CRF实体识别的数据准备、模型训练、模型保存等步骤。

f) 模型使用

```python
import pickle
import torch
import jieba

def prepare_dataset(sentences, char_to_id, tag_to_id, lower=False, test=False):
    """
    把文本型的样本和标签转化为index,便于输入模型
    需要在每个样本和标签前后加<start>和<end>,
    pytorch-crf这个包里面会自动添加<start>和<end>的转移概率,
    所以我们不用再手动加入。
    """

def predict(input_str):
    map_file = r'./model/maps.pkl'
    with open(map_file, "rb") as f:
        char_to_id, id_to_char, tag_to_id, id_to_tag = pickle.load(f)

    """用cpu预测"""
    model_file = r'./model/ner.ckpt'
    model = torch.load(model_file, map_location="cpu")
    # model.eval()

    if not input_str:
        input_str = input("请输入文本:")

    _, char_ids, seg_ids, _ = prepare_dataset([input_str], char_to_id, tag_to_id, test
```

```
= True)[0]
    char_tensor = torch.LongTensor(char_ids).view(1, -1)
    seg_tensor = torch.LongTensor(seg_ids).view(1, -1)

    with torch.no_grad():
        """ 得到维特比解码后的路径,并转换为标签 """
        paths = model(char_tensor, seg_tensor)
        tags = [id_to_tag[idx] for idx in paths[0]]
    res = result_to_json(input_str, tags)
    entity_type = res["entities"][0]['type']
    word = res["entities"][0]['word']
    result = {}
    if entity_type == "PER":
        result["Person"] = [word]
    print(entity_type, word, '\n', result)
    return result
```

在得到训练模型后,需编写调用模型脚本文件,实现对用户输入问句的实体识别,上述函数便是通过载入训练好的 NER 模型来实现实体抽取;

概括来说,可按下述步骤进行 NER 模型训练及使用:

1. 准备训练集,格式参考 train.txt
2. 调整参数,在 config.py 中设置
3. 运行代码 python main.py train --use_cuda = False --batch_size = 10
4. 模型保存及调用

④ 答案查询模块

上述关键的"意图识别模块""实体识别模块"训练并保存完毕后,也就实现了问句的分类及实体抽取,下一步则需进行答案查询及返回。在具体实现上,需编写函数对功能进行调用,分为三部分代码,具体代码示例如下:

entity_extractor.py,该部分的功能为调用上述"实体识别模块""意图识别模块"的本地模型,具体效果为用户输入问句后,返回问句中涉及的实体及问句意图,并将该实体及意图进行保存供后续使用。

```
from Params import Params #基本配置文件,如停用词表路径、模型路径等
import jieba
from predict import predict
from FindSim import FindSim
```

```python
class EntityExtractor(Params):
    def __init__(self):
        super().__init__()
        self.result = {}
        self.find_sim_words = FindSim.find_sim_words

        intentions = []  # 查询意图
if __name__ == '__main__':
    test = EntityExtractor()
    question = '鲁桓公有哪些名字'
    a = test.extractor(question)
    print(a)
```

search_answer.py，该代码接收传递过来的"实体"及"意图"，进而构造对应的cypher查询语句，之后在本地Neo4j数据库中进行查询，并将查询的结果返回给程序；

```python
from py2neo import Graph

class AnswerSearching:
    def __init__(self):
        self.graph = Graph("http://localhost:7474", username="neo4j", password="123456")#连接本地Neo4j数据库
        self.top_num = 10

    def question_parser(self, data):
        """
        data:表示从entity_extractor.py传递过来的实体及意图
        """
        sqls = []
        if data:
            for intent in data["intentions"]:
                sql_ = {}
                sql_["intention"] = intent
                sql = []
                if data.get("person"):
                    sql = self.transfor_to_sql("person", data["person"], intent)
                elif data.get("alias"):
```

```python
                    sql = self.transfor_to_sql("alias", data["alias"], intent)
                elif data.get("state"):
                    sql = self.transfor_to_sql("state", data["state"], intent)
                elif data.get("rank"):
                    sql = self.transfor_to_sql("rank", data["rank"], intent)
                if sql:
                    sql_['sql'] = sql
                    sqls.append(sql_)
        return sqls

    def transfor_to_sql(self, label, entities, intent):
        """
        将问题转变为 cypher 查询语句
        :param label:实体标签
        :param entities:实体列表
        :param intent:查询意图
        :return:cypher 查询语句
        """
        if not entities:
            return []
        sql = []

        if intent == "query_alias" and label == "person":
            sql = ["MATCH(m:person)-[:person_is_alias]->(i)WHERE m.name =~ '{0}.*' RETURN m.name,i.name".format(e)
                   for e in entities]

        if intent == "query_people_state" and label == "person":
            sql = ["MATCH(m:person)-[:person_is_state]->(i)WHERE m.name =~ '{0}.*' RETURN m.name,i.name".format(e)
                   for e in entities]

        if intent == "query_people_children" and label == "person":
            sql = ["MATCH(m:person)-[:person_is_children]->(i)WHERE m.name =~ '{0}.*' RETURN m.name,i.name".format(e)
```

```python
                    for e in entities]
        return sql

    def searching(self, sqls):
        """
        执行cypher查询,返回结果
        :param sqls:
        :return: str
        """
        final_answers = []
        for sql_ in sqls:
            intent = sql_['intention']
            queries = sql_['sql']
            answers = []
            for query in queries:
                ress = self.graph.run(query).data()
                answers += ress
            final_answer = self.answer_template(intent, answers)
            if final_answer:
                final_answers.append(final_answer)
        return final_answers

        return final_answer
```

kbqa.py,该代码为整个问答系统的集成接口,具备了完整的功能;

```python
from entity_extractor import EntityExtractor
from search_answer import AnswerSearching
class KBQA:
    def __init__(self):
        self.extractor = EntityExtractor()
        self.searcher = AnswerSearching()

    def qa_main(self, input_str):
        answer = "对不起,您的问题我不知道,我今后会努力改进的。"
        entities = self.extractor.extractor(input_str)
        if not entities:
```

```
            return answer
        sqls = self.searcher.question_parser(entities)
        final_answer = self.searcher.searching(sqls)
        if not final_answer:
            return answer
        else:
            return '\n'.join(final_answer)

if __name__ == "__main__":
    handler = KBQA()
    while True:
        question = input("请输入:")
        if not question:
            break
        answer = handler.qa_main(question)
        print("AI机器人:", answer)
        print("*" * 50)
```

至此完成了基于领域知识图谱的自动问答系统的后端构建,已具备所需的所有功能,也可在 Pycharm 中直接运行 kbqa.py 程序,便可实现对用户的问句输入、意图识别、实体抽取、结果查询及展示的功能。

⑤ 平台展示

因上述已完成了后端的所有功能,此部分仅需对 Flask 框架的接口文件(app.py)及前端(html+css+js)进行修改,具体的代码如下:

Flask 项目搭建

```
from flask import Flask, request, render_template, json
import kbqa
app = Flask(__name__, static_url_path='')


@app.route('/')
def hello_world():
    # Flask 默认页面,也即搜索页面
    return render_template('search.html')


@app.route('/wstmsearch', methods=['GET', 'POST'])#接收前端 GET 及 POST 方
```

式的数据

```
def wstm_search():
    answer = str
    if request.method == 'POST':
        # 取出待搜索 keyword
        keyword = request.form['keyword']
        handler = kbqa.KBQA()
        # question = input("用户:")
        question = keyword
        answer = handler.qa_main(question)
        print('ok')
        print("AI 机器人:", answer)
        print("*"*50)
        # 将结果返回给前端页面,进行展示
        return render_template('result.html', search_result=answer, keyword=question)
    return render_template('search.html')

if __name__ == '__main__':
    app.run()
```

如上述所示,需对 Flask 项目的 app.py 文件进行修改,同时将前文的后端功能模块放入 Flask 项目内,供 app.py 进行功能调用,如图 6-4 所示:

名称		修改日期	类型	大小
.git	⊘	2021-06-02 22:28	文件夹	
.idea	⊘	2021-05-15 15:03	文件夹	
__pycache__	⊘	2021-05-15 14:28	文件夹	
data	⊘	2021-05-10 20:53	文件夹	
https	⊘	2021-05-10 20:52	文件夹	
model	⊘	2021-05-10 20:52	文件夹	
static	⊘	2021-05-10 21:20	文件夹	
templates	⊘	2021-05-10 21:28	文件夹	
app.py	⊘	2021-05-15 14:28	PY 文件	2 KB
entity_extractor.py	⊘	2021-05-10 20:44	PY 文件	6 KB
FindSim.py	⊘	2021-05-10 20:21	PY 文件	4 KB
kbqa.py	⊘	2021-05-10 21:16	PY 文件	2 KB
Params.py	⊘	2021-05-10 20:50	PY 文件	4 KB
predict.py	⊘	2021-05-10 20:21	PY 文件	4 KB
search_answer.py	⊘	2021-05-10 20:50	PY 文件	5 KB

图 6-4 文件存放示例

具体的项目文件说明如下:

```
├──data 文件夹 //存放停用词表等文件
│   ├──stopword.txt 停用词表
│   └──vocab.txt 本地人物词汇表
├──https 文件夹 //Flask 项目自动生成文件,无须更改
│   ├──default
│   ├──https.conf
│   └──nginx.conf
├──model 文件夹 //存放实体识别模型、意图识别模型等
│   ├──ch_ner_model.h5 实体识别模型
│   ├──SVM.m //意图识别模型
│   └──tf.pkl //词向量
├──static 文件夹 //存放 Flask 静态资源
│   ├──0.png //网页中的图片
│   └──default.css //网页 css 样式
├──templates 文件夹 //Flask 前端文件
│   ├──result.html 搜索页
│   └──search.html 结果页
├──app.py //Flask 接口
├──entity_extractor.py //实体识别及意图识别模块
├──FindSim.py //相似度计算模块
├──kbqa.py //后端主接口
├──Params.py //项目配置文件
├──predict.py //实体识别调用函数
└──search_answer.py //数据库查询模块
```

最终展示,当用户运行 Flask 项目后,便可在本地浏览器运行最终的问答系统,效果示意图见图 6-5:

图 6-5　问答系统效果示意图

如图 6-5 所示，页面为输入框和提示信息展示，当用户输入问题后，等待片刻即可在下方显示结果，若无结果，则显示对应的提示信息。如用户输入"鲁桓公的子女有哪些？"，前端将问题传递到后端进行处理，经后端系统处理分析后，得出该问题的意图为"查询子女"，同时提取出问句中的人名实体"鲁桓公"，此时可以匹配到对应的子女查询模版，构造 Cypher 查询语句后进行信息查询并返回结果，同时将结果返回至前端页面进行展示。

课后习题

现今自然语言处理应用大都集中于英语或现代汉语，在古汉语的应用上还比较匮乏，由于大部分古汉语文本都是非结构化的数据，更是加大了其应用的难度。请结合本章内容，基于《汉书》《后汉书》《史记》等史书文本，构建汉代人物知识图谱，并搭建后续自动问答平台，实现简单的问答功能。

第七章 数字人文下的文本分类

文本分类是自然语言处理的基本任务,在数字人文研究领域也具有重要价值。数字人文研究早期最经典的案例,就是解开了《联邦党人文集》12 篇文章的作者之谜①,而这一案例使用的正是文本分类方法中经典的贝叶斯分类模型。借助文本分类方法,可以在典籍上开展文本挖掘与知识发现,梳理古文自动处理领域的内涵和外延,整体把握该领域研究现状与发展趋势,也可实现非物质文化遗产的类别鉴别,从而辅助非物质文化遗产的整理与保护。本章首先介绍文本分类涉及的基本知识,包括分类的概念,分类与聚类的区别,分类的不同类别,自然语言处理中常用的分类算法,常使用的文本表示模型等。之后以非物质文化遗产分类程序构建为例进行讲解,第一步为预处理,也即对原始数据进行介绍及处理,去除无用的停用词,对文本进行分词;第二步划分数据集,按照十折交叉的方式进行划分,从而提高模型的效果;第三步为特征选择,该步骤是对文本进行表示,此处选择了 TF-IDF 进行特征提取;第四步为搭建分类器,并进行模型训练;第五步为模型评估,采用 P、R、F1 值对模型进行评估。

- 知识要点

文本分类、空间向量模型、特征与降维、TF-IDF、深度学习

- 应用系统

非物质文化遗产自动分类系统

7.1 文本分类基本知识

(1) 文本分类

文本分类就是使用计算机模型自动为文本划分类别,是信息检索和自然语言处理中的核心任务。从数字人文的角度看,文本分类是大规模数据资源组织和整理的必要技术,小到特殊语句的自动识别,大到文本风格的自动发现,都可以使用文本分类的思路和模型来实现。

---

① Mosteller, F., Wallace, D. L. Inference and Disputed Authorship: The Federalist[J]. *Revue De L'Institut International De Statistique*, 1966, 22(1):353.

（2）分类和聚类

文本分类一般和聚类一起探讨，其区别在于有没有预先划分好类别。文本分类任务需要预先定义好具体类别，接着再将待分类文本划分入这些类别中。而文本聚类任务则不需要预先定义具体类别，只需提前规定好划分的类别数量，根据文本内部的特征以及类别数量自动将待分类文本聚合成若干个类别。因此从机器学习的角度来看，文本分类是有监督学习，需要大量预先标注类别的训练语料；而文本聚类则是无监督学习，不需要训练语料。

（3）二分类和多分类

文本分类任务从模式上可以分为二分类和多分类。对于一个文本来说，二分类就是判断其是不是属于某一个类别的；而多分类是判断其属于哪一个类别。对于包含 N 个类别的文本多分类任务，可以分解成 N 个二分类任务来解决。

（4）空间向量模型

空间向量模型是文本分类任务的核心，是使用机器学习模型完成文本分类任务的前提。该模型将语料库看作一个多维空间，这样语料库中的文本就可以用空间中的向量来表示。文本向量的表示有很多种，传统的表示中向量的维度与空间的维度一致，每一个维度对应文本的一个特征，特征一般是重要的词语，特征值一般是加权后的词频如 TFIDF 等。空间向量模型下，使用向量之间的夹角余弦值来表示相似程度，进而用于文本分类。

（5）特征与降维

高维度是空间向量模型的一大特点，也是影响该模型性能的主要桎梏。不经任何调整的空间维度与整个语料中词语的数量一致，维度可能非常大，造成所谓的维度灾难现象。因此一般需要对空间维度进行降维，减少计算的复杂度。降维的方法有卡方、信息增益、TF-IDF 等，主要思想都是通过高效的计算方法找出对于文本分类最有用的少量词语作为特征，重新构建向量空间，从而降低空间维度。

深度学习的表示学习思路为向量空间的降维带来了不一样的解决思路。结合语言模型的表示和神经网络结构的设计，可以从大规模语料中学习得到较低维度的稠密向量，用于表示词语、句子或者文本，从而大大降低空间维度，能够有效提高文本分类的效果。

（6）TF-IDF

TF-IDF 是一种简单有效的特征加权方法，用于找出对文本分类任务重要的特征词语。TF-IDF 可以分成两个部分，TF 表示词语频率，IDF 表示倒文档频率，TF-IDF 是两者的乘积，如果将 TF-IDF 值看作特征词语对文本分类任务的重要程度，那么权值越高越好。一方面,重要特征词的 TF 值和 IDF 值都应该越高越好;另一方面,在文本分类任务中,一些常见词语并不能帮助提高文本分类的效果,如计算机类文本中的"硬件""系统"等词语,这时即使它们的 TF 值很高,也无益于文本分类任务,因此需要限制它们的权值,IDF 发挥的就是这样的作用。那些出现在多数文本中的词语的 IDF 值会很低,这样即使它们的 TF 值很高,TF-IDF 值也不会太高,从而整体的权重得到了控制。

(7) 文本分类器

在空间向量模型的基础上,使用机器学习模型来最终实现文本分类的任务,这类模型一般称作文本分类器。传统的分类器主要有朴素贝叶斯、K 最近邻和支持向量机等。深度学习兴起之后,分类器的设计变得更加多样,结合低维稠密向量的表示学习结果,通过对神经网络输出层的 softmax 等设计,或者再结合传统的支持向量机等模型,能够达到更好的文本分类效果。

7.2 文本分类在数字人文研究中的应用

作为自然语言处理四大基础任务之一,文本分类技术早已发展得十分成熟,被大规模应用于人们的生产和生活实践中。在数字人文领域,许多研究均围绕文本分类为核心技术展开,广义上的文本分类包括情感分析、关键句抽取、句间关系判断等多种任务。使用的相关技术主要有统计学习模型、深度神经网络模型和预训练语言模型。以下将围绕特定任务介绍数字人文领域中文本分类的作用。

(1) 提取文献中具有特定价值的文本

虽然古籍文本中包含大量具有分析价值的文字,但这些高价值的文字分布散乱,传统的依赖人工标注的方法不仅费时费力,而且效率低下。一些学者采用 NLP 技术来代替人工进行抽取,例如,黄水清等[1]基于 CRF、BiLSTM、Bi-LSTM-CRF 三种序列标注模型抽取部分《十三经注疏》中引书文献,并基于文献计量学中的引文分析方法分析著述者的引用行为。在另一份相关研究中,周好等[2]基于文本分类的思路以 SVM、Bi-LSTM、BERT 等模型抽取古籍引书句,BERT 模型在实验中取得了较好的效果。鲁国轩等[3]设计了一种识别数字人文相关研究的机器学习分类算法,对图情领域的数字人

---

[1] 黄水清,周好,彭秋茹,等.引书的自动识别及文献计量学分析[J].情报学报,2021,40(12):1325-1337.

[2] 周好,王东波,黄水清.古籍引书上下文自动识别研究——以注疏文献为例[J].情报理论与实践,2021,44(9):169-175.

[3] 鲁国轩,杨冠灿,宋欣.图情领域数字人文文献识别与分类方法研究[J/OL].情报科学:1-10[2022-03-11].http://kns.cnki.net/kcms/detail/22.1264.G2.20220309.2038.018.html

文文献有较好的识别效果。梁媛等[1]利用文本分类的思想从《春秋三传》中抽取描述同一事件的不同文本,证实深度学习算法可用于古汉语平行语料库的构建。赵建明等[2]采用机器学习方法识别《史记》中的伪作,筛选出《史记》中语言风格明显和其他文本有差别的文章。

(2) 为已有文本构建自动分类体系

人文学科的研究者在从事文献整理工作时的重要环节之一就是正确地给文本内容分类,如果以人工方法执行这一环节,则不可避免地需要对所分类文本进行通读,且分类粒度较难控制。数字人文研究者们试图利用文本分类技术来应对这一问题,相关研究如秦贺然等[3]利用 sklearn 工具包的特征提取方法,将命名实体特征加入分类器,用于典籍文本的自动分类,取得了良好效果。胡昊天等[4]基于 SikuBERT 和 SikuRoberta 预训练模型对《四库全书》子部 14 个类别的古籍文本进行分类,最高取得了 90.39% 的整体分类 F 值。

(3) 分析特定文本的情感、意境等信息

王东波等[5]针对先秦典籍的问句设计了分类体系,分别使用统计学习模型和深度学习模型开展分类研究。胡韧奋等[6]以空间向量模型将唐诗文本转化为文本向量,使用 NB 算法和 SVM 算法构建文本分类器,实现对唐诗题材的自动分类。蒋俊成[7]将多种深度学习模型应用于古代诗歌的意境识别和情感分析,并以此为基础设计了诗歌自动推荐系统推荐具有相似意境的诗歌。张馨怡[8]为古典诗歌训练对应词向量,利用 TextCNN 模型筛选出具有爱国情怀的古诗词并进行用词分析。

---

[1] 梁媛,王东波,黄水清.古籍同事异文的自动发掘研究[J].图书情报工作,2021,65(09):97-104.

[2] 赵建明,李春晖,姚念民,等.基于文本分类方法识别《史记》的伪作[J].计算机科学,2017,44(S1):112-114.

[3] 秦贺然,刘浏,李斌,等.融入实体特征的典籍自动分类研究[J].数据分析与知识发现,2019,3(9):68-76.

[4] 胡昊天,张逸勤,邓三鸿,等.面向数字人文的《四库全书》子部自动分类研究——以 SikuBERT 和 SikuRoBERTa 预训练模型为例[J/OL].图书馆论坛:1-16[2022-03-11].http://kns.cnki.net/kcms/detail/44.1306.G2.20211017.1823.002.html

[5] 王东波,高瑞卿,沈思,等.基于深度学习的先秦典籍问句自动分类研究[J].情报学报,2018,37(11):1114-1122.

[6] 胡韧奋,诸雨辰.唐诗题材自动分类研究[J].北京大学学报(自然科学版),2015,51(2):262-268.

[7] 蒋俊成.古典诗词意境的自动识别[D].北京:北京交通大学,2020.

[8] 张馨怡.基于 TextCNN 的古典诗词爱国情怀研究[D].上海:上海师范大学,2020.

7.3 非物质文化遗产的文本分类

文本分类主要由预处理、划分数据集、特征选择、搭建分类器及模型评估五步构成。该部分描述了使用统计学习模型进行文本分类任务的一般流程。该部分的全部代码可在 GitHub 链接获取,此处仅介绍核心内容。

(1) 文本预处理

预处理工作是分类的第一步也是关键一步,主要包括分词、去停用词。

a) 分词

对于现代汉语分词算法一般选用 jieba 库。同时,由于非遗语料中含有大量专有名词,比如"文水鈲子""阿诗玛""汗青格勒"等,这些语词或代表一种音乐艺术,或一个民间故事,对于非遗文本的分类有着重要的区分作用。我们需要将这些专有名词作为用户自定义词库加载入 jieba。

b) 去除停用词

中文停用词典常用的有哈工大停用词表、百度停用词表等,可从 https://github.com/goto456/stopwords 获取。

```
# 读取停用词表
def read_cutwords(path):
    with open(path, 'r', encoding='utf-8') as f:
        stp_words = [line.strip() for line in f.readlines()]
    return stp_words

# 分词
def jieba_cut(doc):
    jieba.load_userdict('user_dict.txt')#加载用户自定义词典
    stp_words = read_cutwords('stop_words.txt')
    output = []
    for line in doc:
        segment = jieba.lcut(line, cut_all=False)
        segment = [i for i in segment if i not in stp_words]
        output.append(' '.join(segment))
    return output

cut_output = jieba_cut(read_txt('非遗文本.txt'))
```

(2) 划分训练集和测试集

一般而言,我们将数据集分为两部分:训练集和测试集。其中训练集用来做特征工程、构建分类模型,而测试集用来对模型的效果进行评测。此外,验证集来自对训练集的再划分,是为了模型的选择和调参。可使用 sklearn 工具包的 train_test_split 方法将数据集划分如下:

```
from sklearn.model_selection import train_test_split

random.seed(1)#设置随机种子,便于结果的复现

# data:需要进行分割的数据集
# random_state:设置随机种子,保证每次运行生成相同的随机数
# test_size:将数据分割成训练集的比例
train_dataset, test_dataset = train_test_split( dataset test_size =0.1, random_state =37)
```

(3) 特征提取

常用的特征提取方法有 TF-IDF、word2vec,而 TF-IDF 在实现上较容易,但仅仅利用词频这一静态信息,词的位置和词间关系等相应的动态信息没有被使用。

```
# 使用 sklearn 实现 tfidf
from sklearn.feature_extraction.text import TfidfVectorizer

# documet 的格式:以空格作为分词标记
[[维吾尔 木卡姆 艺术 肇始 于 民间 文化…],
 [泉州 南音 演奏 演唱 形式 为…],…]

def tf_idf( document):
    # token_pattern 指定采用使用正则表达式来分词的参数,
    该参数的默认值为 r"(?u)\b\w\w+\b",两个\w 保证其匹配长度至少为2 的单词,为贴合中文的特点,这里仅使用一个\w
    vectorizer = TfidfVectorizer( token_pattern = r"(?u)\b\w+\b")
    vectorizer.fit_transform( document).todense()
    vocab = vectorizer.vocabulary_
    weight = vectorizer.transform( document).toarray()
    return vocab, weight

word, weight = ti_idf( document)
```

word2vec 采用 CBOW 或 skip-gram 两种模型实现词向量的预测工作,考虑语词的上下文信息,其调用也非常简单。

```
# from gensim.models import word2vec

# document 的格式:每个 sentence 由一个 token list 组成
[['维吾尔','木卡姆','艺术','肇始','于','民间','文化',…],
 ['泉州','南音','演奏','演唱','形式','为',…],…]

def generate_word2vec(document,save_name):
    model = word2vec(documents, vector_size=300,min_count=1)
    model.train(documents, total_examples=len(documents), epochs=10)
    model.save(save_name)

generate_word2vec(all,'vec_model/w2v.model')
```

应当注意的是,至此我们只是求出了一个样本中每个语词的向量化表示,而对于完成的样本表示而言,一般选择把所有的词向量相加,再求平均值。当然,如果利用深度学习模型,特征的学习过程可以由模型自己完成(比如 pytorch 的 nn.Embedding)。

```
def build_vec(list_sentence, model):
    # 这里的 list_sentence 表示每个序列一个 token list 组成
    list_vec_sentence = []
    for sentence in list_sentence:
        arrlists = []
        for word in sentence:   # 当样本序列长度过长时,可以选择统一取前 n 个词
            arrlists.append(model.wv[word])
        x = np.average(arrlists, axis=0)
        list_vec_sentence.append(x)
    return list_vec_sentence

model = word2vec.load('vec_model/w2v.model')#加载预训练好的词向量
build_vec(train,model)
```

(4) 构造分类器

这里,以基于 SVM 算法的文本分类器为例进行代码实现。

```
from sklearn import svm
import pickle
```

```python
# train
clf = svm.SVC(C = 1.0, kernel = 'rbf', decision_function_shape = 'ovr')
clf.fit(vec_x_train, y_train) #vec_x_train 表示向量化表示的训练集样本
# test
y_pre = clf.predict(vec_x_test)

# 保存模型
with open('save/clf.pickle', 'wb') as f:
    pickle.dump(clf, f)
```

除了 sklearn 库，nltk 库同样功能强大，其中提供了 NaiveBayesClassifier、DecisionTreeClassifier、MaxentClassifier 三种类型的分类器。分类器都提供了类方法可以训练出一个分类器实例，有了这个实例，便能对新的样本进行分类预测，并进行准确度评测。这里以 MaxentClassifier 为例进行介绍：

```python
from nltk.classify import maxent, accuracy
random.seed(1)

def read_txt(path):
    with open(path, 'r', encoding = 'utf-8') as f:
        lines = [line.strip() for line in f.readlines()]
    random.shuffle(lines)
    x = [_.split("\t")[1].split() for _ in lines]
    y = [_.split("\t")[0] for _ in lines]
    document = list(zip(x, y))
    return document

def word_feats(words):      # 具体原因可通过 maxent 的官方文档了解
    return dict([(word, True) for word in words])

def model_maxent():
    # 获取测试集和训练集数据
    test_doc = read_txt('test.txt')
    test_sets = [(word_feats(word_list), category) for (word_list, category) in test_doc]
```

```
train_doc = read_txt('train.txt')
train_sets = [(word_feats(word_list), category) for (word_list, category) in train_doc]

# 训练模型
model = maxent.train_maxent_classifier_with_gis(train_sets, max_iter=100)

# 在测试集上测试模型效果
y_pre = [model.classify(featureset[0]) for featureset in test_sets]
```

更复杂的分类器如 TextRNN、TextRCNN 及 TextCNN 需要借助于 pytorch、tensorflow 等深度学习框架进行搭建,模型结构一般分为词嵌入层(embedding)、隐层(lstm/conv + maxpooling)和输出层(linear + softmax),读者如有兴趣可参照我们的另一个 GitHub 项目(https://github.com/veigaran/NLP_ROAD),该仓库包含了常见的机器学习分类算法,也实现了 TextCNN、TextRNN、BERT 等深度学习模型的分类算法,读者可自行探索。

(5) 模型评估

一般而言,我们使用精确率、召回率和 F1 值来评价模型效果,对于多分类任务而言,可以选择宏平均或微平均,具体计算方式如下:

```
from sklearn.metrics import precision_score, recall_score, f1_score, classification_report

# cal p/r/f
p = precision_score(y_test, y_pre, average='macro')
r = recall_score(y_test, y_pre, average='macro')
f = f1_score(y_test, y_pre, average='macro')
report = classification_report(y_test, y_pre)
print('p=', '%.2f%%' % (p*100), 'r=', '%.2f%%' % (r*100), 'f=', '%.2f%%' % (f*100))
print(report)
```

课后习题

请结合本章所学内容,以"中国哲学书电子化计划"网站上的先秦两汉时期古籍为训练语料,按照儒家、墨家、道家、史书等十一类古籍进行分类,训练古汉语典籍的多分类器。

第八章 数字人文下的文本聚类

文本聚类是自然语言处理中最典型的无监督任务,在数字人文研究领域也具有重要价值。由于不需要预先提供已知知识,文本聚类可以用于数字人文研究中知识或主题的自动发现,例如可以有助于在典籍上开展文本挖掘与知识发现,梳理古文自动处理领域的内涵和外延,整体把握该领域研究现状与发展趋势。

本章以非物质文化遗产文本自动系统构建为例,讲解数字人文视角下的文本聚类算法的实际应用。具体来说,本章首先对文本聚类算法进行说明,并比较其与文本分类的差异,前者属于无监督学习,后者为有监督学习,文本聚类更适合处理日益增长的数据。接下来对文本聚类的常用算法——K-means(K-均值)算法进行了介绍。之后详细讲解非物质文化遗产聚类系统构建步骤,包括语料准备,对收集到的非遗数据进行说明,之后进行数据预处理,对原始文本数据进行分词,再使用静态词向量 word2vec 进行文本表示,完成特征提取后基于 sklearn 包下的 K-means 算法实现聚类。

- 知识要点

  文本聚类、空间向量模型、词嵌入、K-means

- 应用系统

  非物质文化遗产自动聚类系统

8.1 文本聚类基本知识

聚类研究曾用于关键词聚类研究,计量工具 Citespace 可以通过关键词聚类分析,归纳出研究方向的关键词。对于古籍信息智能处理的探究中,一个重要的研究点便是聚类研究,可以将古文按照类别进行聚类,方便为后续的主题研究提供技术支撑,梳理古文的内涵和外延。

(1) 文本聚类

聚类又称群分析,是数据挖掘的一种重要的思想。文本分类一般和聚类一起探讨,根据其数量、文本内部的特征以及类别数量自动将待分类文本聚合成若干个类别。两者的区别在于有没有预先划分好的类别。文本分类任务需要预先定义好具体类别,接着再将待分类文本划分入这些类别中;而文本聚类任务则不需要预先定义具体类别,只需提前规定好划分的类别。

(2) 特征提取

所提取的特征在一定程度上决定了整个分类的性能。如何从非结构化、半结构化文本中提取相应特征并转化为结构化信息是特征提取的关键。目前常用的特征提取模型如下：One-Hot、BOW 词袋模型、连续词袋模型(CBOW)、Skip-Gram 模型和 word2vec 模型。

(3) K-means

在整个聚类算法体系中，K-means 算法是典型的基于距离的一种算法。距离是该算法相似性计算和评价的基础，如果两个文本对象在计算过程中距离较近，则相似度的值较大。在实现聚类的具体过程中，由距离靠近的文本对象所组成的簇是判定聚类结果的关键。

8.2 非物质文化遗产的自动聚类

(1) 语料准备

一个非遗项目字段样例如表 8-1 所示，分别抽取出项目名称和详细介绍作为本章聚类的一个非遗项目。一个项目代表一条数据，共有 2690 条数据。

表 8-1 非遗项目字段样例

项目名称	苗族古歌	项目序号	1
项目编号	Ⅰ-1	公布时间	2006(第一批)
类别	民间文学	所属地区	贵州省
类型	新增项目	申报地区或单位	贵州省黄平县
详细信息	申报地区或单位：贵州省黄平县，苗族分布在我国西南数省区。按方言划分，大致可分为湘西方言区、黔东方言区、川滇黔方言区。黔东南清水江流域一带是全国苗族最大的聚居区，大致包括凯里、剑河、黄平、台江、雷山、丹寨、施秉、黄平、镇远、三穗，以及广西三江和湖南靖县等地。在此广大苗族聚居区普遍流传着一种以创世为主体内容的诗体神话，俗称"古歌"或"古歌古词"…（文本内容较长，不予全文显示）		
相关继承人信息	编号：01-0004,姓名：王明芝,性别：女,出生日期：1939.06,民族：类别：民间文学,项目编号：Ⅰ-1,项目名称：苗族古歌,申报地区或单位：贵州省黄平县,编号：01-0003,姓名：龙通珍,性别：女,出生日期：1936.04,民族：类别：民间文学,项目编号：Ⅰ-1,项目名称：苗族古歌,申报地区或单位：贵州省黄平县		
相关项目信息	Ⅰ-1,民间文学,湖南省花垣县，Ⅰ-1,民间文学,贵州省台江县		

(2) 数据预处理

经过数据清洗后，对文本进行分词。分词工具采用 jieba 分词，停用词表为哈工大停用词表。

```
import jieba

def cutwords(data, stopwords):
    # 分词
    word_lis = []
    for line in data:
        slist = jieba.cut(line, cut_all=False)
        output = "".join(slist)
        # 去停用词
        for key in output.split(' '):
            if key not in stopwords:
                word_lis.append(key)
    return word_lis
```

一条数据的分词结果如下：

苗族古歌 申报 地区 单位 贵州省 黄平县　苗族 分布 我国 西南 数 省 区 方言 划分 分为 湘西 方言 区 黔 东 方 言 区 川滇黔 方言 区 黔东南 清水江 流域 一带 全国 苗族 聚居区 包括 凯里 剑河 黄平 台江 雷山 丹寨 施秉 黄平 镇远 三穗 广西 三江 湖南 靖县 苗族 聚居区 流传 一种 创世 主体 内容 诗体 神话 俗称 古歌 古歌 古词　苗族古歌 内容 包罗万象 宇宙 诞生 人类 物种 起源 开天辟地 初民 时期 滔天 洪水 苗族 迁徙 苗族 古代 社会制度 日常 生 产 生活 无所不包 苗族 古代 神话 总汇　苗族古歌 古词 神话 鼓社祭 婚 丧 活动 亲友 聚会 节日 场合 演唱 演唱者 多为 中老年人 巫师 歌手 酒席 演 唱 古歌 场合 苗族 古歌 古词 神话 民族 心灵 记忆 苗族 古代 社会 百科全书 经典 史学 民族学 哲学 人类学 多方面 价值 古歌 古词 神话 民间 流传 唱诵 文化 市场经济 冲击 苗族古歌 濒临 失传 台江 为例 全县 13 万 苗族 同 胞 中 唱 完整 部 古歌 寥寥无几 二百余 人能 唱 完整 古歌 中老年人 传承 古 歌 老人 年事已高 抓紧 抢救 保护 苗族古歌 这一 民族 瑰宝 最终 世间 消失

（3）文本表示

将词映射到向量空间中，以下选取 word2vec 方法，使用的工具是 Gensim，语言模型采用 CBOW，训练方法采用 Negative Sampling，最小词频 min_count 设置为 0，上下文最大距离 window 设置为 5，维度 size 设置了 100 维，可根据情况改变维度，进行不同维度的对比，其余参数为默认。最后使用均值文本表示法表示文本向量，即将该文档内所含有词的对应词向量相加求平均。

```python
from gensim.models import word2vec
from gensim.models.word2vec import LineSentence
import numpy as np
from gensim.models.keyedvectors import KeyedVectors
    # 训练 word2vec 模型 参数说明：
    # sentences：包含句子的 list,或迭代器
    # size：    词向量的维数,size 越大需要越多的训练数据,同时能得到更好的模型
    # alpha：   初始学习速率,随着训练过程递减,最后降到 min_alpha
    # window：      上下文窗口大小,即预测当前这个词的时候最多使用距离为 window 大小的词
    # max_vocab_size：词表大小,如果实际词的数量超过了这个值,过滤那些频率低的
    # workers：并行度
    # iter：   训练轮数
    # sg = 0 cbow,sg = 1 skip-gram
    # hs = 0 negative sampling, hs = 1 hierarchy
    # sentences = word2vec.Text8Corpus(r'D:\我\非遗\cut_words_entity')
    # model.save('heritage.model')保存模型
    # https://blog.csdn.net/laobai1015/article/details/86540813 参数解释

def build_vec(list_sentence, model):
    list_vec_sentence = []
    for sentence in list_sentence:    # 每个 sentence 为一个 list
        if len(sentence) > 1000:
            arrlists = [model[word] for word in sentence[0:1000]]
            x = np.average(arrlists, axis = 0)
        else:
            arrlists = [model[word] for word in sentence]
            x = np.average(arrlists, axis = 0)
        list_vec_sentence.append(x)
    return list_vec_sentence

def main():
    path = r'./cut_words_entity.txt'
```

```python
        sentences = LineSentence(path)
        model = Word2Vec(sentences, sg=0, size=100, min_count=0)
            model.save('heritage_ns_100.model')
        vec_sentence = build_vec(sentences, model)
        list_vec_sentence = []
        #一条数据的向量表示
        for s in sentences:
            for word in s:
                arrlists = [model[word]]
                x = np.average(arrlists, axis=0)
            list_vec_sentence.append(x)
        np.savetxt("w2v_sentence_vec_100D.txt", list_vec_sentence)

if __name__ == '__main__':
    main()
```

(4) K-means 聚类

实现 K-means 算法的方法有很多,本次使用的工具是 sklearn 中的 *k-means*++ 算法。关于 k 值范围确定,非遗分类法主要有六类法、八类法、十类法、十三类法和十六类法,其中十三类法和十六类法是更为细致的划分,但是目前基于层级划分的类目都不会过多,为了更加全面地对比各分类法中类别划分的科学性,同时考虑计算指标时图表的连续性和可预测性,本次 K-means 聚类 k 值范围确定为 2 到 17,其余参数为默认。

轮廓系数是评价聚类效果的常用指标,将簇中所有非遗样本的轮廓系数求平均值就得到非遗平均轮廓系数,取值范围为$[-1,1]$。程序实现了轮廓系数的计算,并使用 Python 画图工具实现每次聚类效果的轮廓系数可视化。如要人工评估聚类效果,可直接输出 estimator.labels_观察。

```python
from sklearn.cluster import KMeans
import numpy as np
import matplotlib.pyplot as plt
from itertools import cycle
from sklearn.metrics import silhouette_score

# 加载步骤三得到的文本向量表示
X = np.loadtxt("./w2v_sentence_vec_100D.txt")

def Sil(X):
```

```
Scores = [ ]    # 用来存放轮廓系数
for i in range(2,17):
    estimator = KMeans(n_clusters =i) # 用来构造聚类器
    estimator.fit(X)
    Scores.append(
        silhouette_score(X, estimator.labels_, metric = 'euclidean')) # euclidean 欧氏距离
# 画图
    x = range(2, 17)
    plt.title('Clustering Silhouette coefficient index-Kmeans')
    plt.xlabel("clusters")
    plt.ylabel("Silhouette coefficient")
    plt.plot(x, Scores, 'o-')
    plt.show()
    print("轮廓系数:", Scores)

Sil(X)
```

课后习题

请结合本章所学内容，以"中国哲学书电子化计划"网站上的先秦两汉时期古籍为训练语料，将所有语料进行打乱，使用 K-means 算法对语料进行聚类分析。

第九章 数字人文下的机器翻译

双语平行语料库在多语言和跨语言信息处理等自然语言处理任务中发挥着重要作用。近年来,随着数字人文研究的发展和中国文化"走出去"战略的实施,数字人文下的机器翻译任务将为跨语言经典文献检索系统和跨语言数字人文研究提供基础数据支持,一方面能够助力中华传统典籍的对外传播,另一方面也能够为国内传统典籍研究提供更广阔的视角。本章一方面从数字人文的角度介绍机器翻译的相关概念,另一方面对古英和古白自动机器翻译的实现进行细致和全面的讲解。

- 知识要点

机器翻译、迁移学习、OpenNMT 模型、BLEU 值、深度学习

- 应用系统

古英及古白机器翻译模型构建

9.1 机器翻译的基本知识

(1) 机器翻译

机器翻译就是利用计算机自动将一种语言翻译为另外一种语言。机器翻译一直以来都是自然语言处理的核心问题,深度学习兴起之后,研究水平达到了新的高度。对于以典籍为对象的数字人文研究来说,古文机器翻译能够自动地"解其言、知其意",古汉语到现代汉语的语内翻译有利于中华传统文化的教育、普及和传播,古汉语到英语的语间翻译则有利于向海外弘扬中华传统文化。

(2) 平行语料库

平行语料库也叫双语语料库,由源语言和目标语言一一对应的翻译句对构成,是用于机器翻译的必要的语料资源。从机器学习的角度来看,平行语料库是机器翻译模型所需训练和测试数据集的来源,其规模和质量是影响机器翻译效果的重要因素,因而大规模平行语料库是机器翻译中非常重要的资源。以典籍为对象的数字人文研究需要机器翻译技术帮助对古文自动理解,因而对于大规模古籍平行语料库有较高的需求,其中还可区分为古白平行语料库和古外平行语料库。

(3) 基于规则的机器翻译

基于规则的机器翻译方法包含语句的多重转换。首先对源语言句子分别从词汇、句法和语义三个层级进行分析和转换，接着借助转换规则、知识库和中介语等资源得到对应目标语言的分析和转换结果，最后再反向从语义、句法和词汇三个层级进行生成，得到最终的目标语言句子。基于规则的机器翻译需要人工编写准确和完整的转换规则，会耗费大量的人工，同时由于规则对于特定语言的局限性，导致方法的迁移能力较差。

(4) 统计机器翻译

统计机器翻译是指使用统计机器学习模型实现的机器翻译方法，主要区别于早期基于规则的诸多方法。统计机器学习模型使用语料库来分别进行训练和测试，通过语言模型表示源语言和目标语言的句子，再使用解码算法将两种语言的句子进行匹配。统计机器翻译可以看作找出一个模型最优的模型，使得对于所有的源语言句子 S 都能在目标语言中找到匹配的句子 T，这样一个模型一般可以建模为 S 和 T 的条件概率 P(S|T)，而最优的模型就是条件概率最大的情况。

(5) 神经机器翻译

较之统计机器学习方法对源语言和目标语言分别建模的思路，神经机器翻译基于一种更加直接的端到端（Seq2seq 或编码器到解码器）思路，利用深度学习中表示学习的特性，将源语言和目标语言的建模直接交给神经网络，从而大大提高机器翻译的性能。具体来说，编码器将输入的源语言句子表示为向量形式，包含输入序列的全部信息；解码器将这种表示重新转换，将源语言句子的向量作为隐藏输入，预测和生成目标语言中的词语并构成句子。端到端的神经机器翻译方法关键在于编码器和解码器的选择，根据深度学习中常见的模型，编码器和解码器有 CNN、LSTM、GRU、Transformer 等形式。

(6) OpenNMT 模型

OpenNMT 是目前较为常用的神经机器翻译模型，由哈佛大学自然语言处理实验室开发，可以实现序列到序列、语音到文本等多项自然语言处理任务，并取得显著成效，已用于多个研究和行业。该模型在哈佛大学开发的 seq2seq-attn 的基础上发展而来，具有较高的效率、可读性和可推广性。其在基本神经机器翻译模型外，还增加注意力机制、门控单元、多层神经网络堆叠、输入反馈、正则化等多项先进技能，在机器翻译任务上具有良好表现。OpenNMT 的编码器和解码器均采用 Transformer 结构。

(7) 迁移学习与机器翻译

迁移学习的主要思想是把源域的知识迁移到目标域，使得目标域达到更好的学习效果。通俗来讲,就是运用已有的知识来学习新的知识。传统的机器学习方法需要针对特定语言,通过大量相应的语料进行模型训练,然后将模型应用到特定的任务中。传统方法的实现一般需要收集大规模的语料,但是仅针对翻译任务来说,目前除了像汉英平行语料丰富的语言外,很多语言都存在着平行语料资源匮乏的问题。在这种标注数据缺乏的情况下,迁移学习可以更好地利用小规模数据达到理想的效果。迁移学习按照学习方式的不同有多种划分,对于低资源语言翻译,通常采用基于参数的迁移,即源域和目标域的任务之间共享模型参数,以此来解决神经机器翻译中资源不足的问题。一般来说,迁移语言的相似性越大,效果越好。

(8) BLEU 值

双语评估替换(BLEU)是一种非常有效的以单一数字指标评估机器翻译结果的方法,通过对比连续多个词是否出现在参考译文中来对机器翻译的结果进行自动评估。在实际应用中,通常采用四元 BLEU 评分,即依次比对单个、连续两个、连续三个和连续四个词在参考译文中出现的比例,作为其评分的准确率。为了避免因句子长度短、词语正确而带来的评分过高问题,设置惩罚值,当机器翻译句子长度小于参考译文长度时,根据其长度差异对其进行惩罚,句子长度越短,则得分越低。

$$BLEU = BP \cdot \exp\left(\sum_{n=1}^{N} w_n \log p_n\right) \quad (9-1)$$

BLEU 分数的计算方法如公式所示,其中 BP 为惩罚值,句子越长,惩罚值越小。p_n 为 n 元准确率的得分,w_n 代表 n 元准确率的权重。BLEU 的值域为 $[0,1]$,值越大表示翻译效果越好,大部分语言的 BLEU 分数在 $0.2 \sim 0.5$。一般展示计算结果为 BLEU 实际分数乘以 100。

9.2 机器翻译在数字人文研究中的应用

机器翻译是利用计算机将一种语言转化为语义相同的另外一种语言的过程[1]。机器翻译研究于 1956 年被我国列入科学工作发展规划。1957 年中国科学院语言研究所与计算机研究所合作开展俄-汉机器翻译实验,翻译多种不同类型的复杂句。1974 年"748 工程"再次推动计算机语言研究的进程,使得我国机器翻译的研究受到高度重视[2]。时至今日,随着计算机处理速度增快、能够处理的数据量增多,统计方法在机器翻译领域得到充分应用。随后基于人工神经网络的机器翻译逐渐兴起,计算机对语言的处理从字面匹配深入语义理解层面。越来越多的学者和企业开展机器翻译的研究,出现百度翻译等翻译系统,推动机器翻译从理论走向实用。

---

[1] 李亚超,熊德意,张民.神经机器翻译综述[J].计算机学报,2018,41(12):2734-2755.
[2] 冯志伟.机器翻译的历史和现状[J].国外自动化,1984(4):36-40+64.

从现有研究来看,神经网络算法在机器翻译任务中取得显著成效,并在古文信息处理任务中发挥着重要作用①。目前神经机器翻译的语言主要集中在英语、德语、法语等印欧语系的语言上,由于上述语言具有丰富的语料资源,算法和模型多针对上述语言开发和设计。神经机器翻译的算法逐渐成熟,能够实现语言之间的翻译,具有一定的研究基础。在汉语机器翻译方面,研究对象多集中于英汉、俄汉等语言,也有部分少数民族语言与汉语互译的研究,但对于古代汉语自动翻译的研究较少。

"解其言、知其意"是古文信息处理的基础,古文的翻译问题引发业界和学界的重视。将晦涩难懂的古代汉语翻译为现今人们使用的现代汉语,不仅有利于中华传统文化在大众中的传播,也为数字人文领域研究学者提供便利。相较于人工翻译的耗时与高成本,利用机器自动翻译成本较低,可以在较短时间内翻译较大批量的文字,具有较高的科学研究价值和实用价值。在古文信息处理方面,大部分研究是从字、词的角度出发,挖掘古文中的信息,如古文自动断句、古文词性自动标注以及古文中人名地名实体识别等。以字词为单位的研究只能提取古文中的单个信息点,很难将其连接成线。对于句子、段落、篇章等更长文本的古文信息处理仍较少,难以从中挖掘出完整的信息②。

近年来,统计机器翻译和神经机器翻译研究蓬勃发展,国内外学者在英德等语言上进行机器翻译的尝试,奠定了丰富的理论基础。机器翻译能够实现语言之间的转换,逐步转化成产品广为使用,服务于国家之间的跨语言交流。目前,与汉语相关的机器翻译研究多集中于英汉、俄汉、日汉、蒙汉、藏汉等语言,因此实现针对中华典籍文本的汉英与古白机器翻译具有重大意义。

9.3　典籍的古英和古白机器翻译实现

(1) 典籍的古英机器翻译实现

① 语料准备

典籍数据来源于"中国哲学书电子化计划"(https://ctext.org/confucianism/zhs)网站,选取《论语》《礼记》《战国策》《尚书》《道德经》《左传》《史记》《孙子兵法》《论衡》《周易》《孝经》《商君书》《墨子》《庄子》《孟子》和《公孙龙子》共十六部历史典籍,共得到40799个古英文平行句对。经过数据清洗,包括通过正则匹配去除奇异字符、删除任意一方存在缺失的句对、去重等操作,最终得到40633个古英平行句对,构建完成历史典籍古英平行语料库。

---

① 奚雪峰,周国栋. 面向自然语言处理的深度学习研究[J]. 自动化学报,2016,42(10):1445-1465.

② 邓三鸿,胡昊天,王昊,等. 古文自动处理研究现状与新时代发展趋势展望[J]. 科技情报研究,2021,3(1):1-20.

② 数据预处理

进行古文分词和英文分词。由于英文单词之间本身存在空格,将标点(.!?'\-")作为分隔符实现英文分词。

```
# 英文分词
    def cut(data):
    final = []
    # data = ['reach either. "A!']
    punt = [',', '.', '!', '"', '?', '\"', '-', '/', '?', ',', ''', ''', '"', '"']
    for line in data:
        line = line.split(' ')
        words_list = []
        for word in line:
            word_str = ''
            for w in list(word):
                if w in punt:
                    index = list(word).index(w)
                    if index < len(list(word)) - 1 and list(word)[index + 1] == 's':
                        w = w
                    else:
                        w = ' ' + w + ' '
                    word_str = word_str + w
                else:
                    word_str = word_str + w
            words_list.append(word_str)
        new = "".join(words_list)
        # print(list(new))
        new = new.replace('  ', ' ').replace('  ', ' ').strip()
        # print(list(new))
        final.append(new)
    return final
#划分训练集/验证集/测试集
def split(data, label):
    # 打乱顺序
    num_example = len(data)
    arr = np.arange(num_example)
    np.random.shuffle(arr)
```

```
# print(arr)
data = np.array(data)[arr]
label = np.array(label)[arr]

# 将所有数据分为训练集/验证集/测试集
s = np.int(num_example * 0.8)
sl = np.int(num_example * 0.9)
x_train = data[:s]
y_train = label[:s]
x_val = data[s:sl]
y_val = label[s:sl]
x_test = data[sl:]
y_test = label[sl:]
sjl_baseio.writetxt('./data/src-train.txt', x_train)
sjl_baseio.writetxt('./data/tgt-train.txt', y_train)
sjl_baseio.writetxt('./data/src-valid.txt', x_val)
sjl_baseio.writetxt('./data/tgt-valid.txt', y_val)
sjl_baseio.writetxt('./data/src-test_.txt', x_test)
sjl_baseio.writetxt('./data/tgt-test.txt', y_test)
```

最后数据样例如下表9-1所示。

表9-1 数据样例

序号	古文	英文
1	斯人也而有斯疾也！	That such a man should have such a sickness!
2	老子曰："幸矣,子之不遇治世之君也！"	Laozi replied, "It is fortunate that you have not met with a ruler fitted to rule the age."
3	夏,楚人既克夷虎,乃谋北方。	Having occupied the tribe of Yi in summer, the state of Chu planned to expand its territory northward.

③ 模型构建与参数调整

使用 pip 安装 OpenNMT-py，并找到安装的源码，或者从 OpenNMT 的 GitHub 网址（https://github.com/OpenNMT/OpenNMT-py）直接下载包，并将上述训练集、验证集、测试集三集数据放入 data 目录下。

```
pip install OpenNMT-py
```

首先,将数据进行词典构建和模型输入前预处理。创建 preprocess.py 文件。

```
# ! /usr/bin/envpython
from onmt. bin. preprocess import main

if __name__ == "__main__":
    main( )
```

调用 preprocess. py 文件,结果得到以 pt 结尾的文件,文件示例如图 9 - 1 所示。

python preprocess. py --train_src = data/src-train. txt --train_tgt = data/tgt-train. txt --valid_src = data/src-valid. txt --valid_tgt = data/tgt-valid. txt --save_data = data/dataset

dataset.vocab.pt

dataset.valid.0.pt

dataset.train.0.pt

图 9 - 1　调用 preprocess. py 文件后所得文件示例

参数调整在 onmt 目录下的 opts. py 文件。可根据实验语料平均句子长度调整,模型源端最大序列长度设置为 50,目标端最大序列长度设置为 150,词典大小为 50000,每个 batch 中训练样本的数量为 4096。编码器和解码器的隐层维度为 512,层数为 12 层,其中 Transformer 自注意力机制头数为标准头数 8 个。注意力机制和前馈神经网络中增加了 dropout 层,p 值设置为 0.3,共迭代 50000 次,每迭代 2000 次进行一次验证。使用了 Adam 优化器,学习率设置为 0.001,损失函数是 CrossEntropy。

④ 模型训练

模型训练过程示例见图 9 - 2。模型保存在 data/model 目录下。

python train. py --data data/dataset --save_model data/model/model

```
# ! /usr/bin/env python
from onmt. bin. train import main

if __name__ == "__main__":
    main( )
```

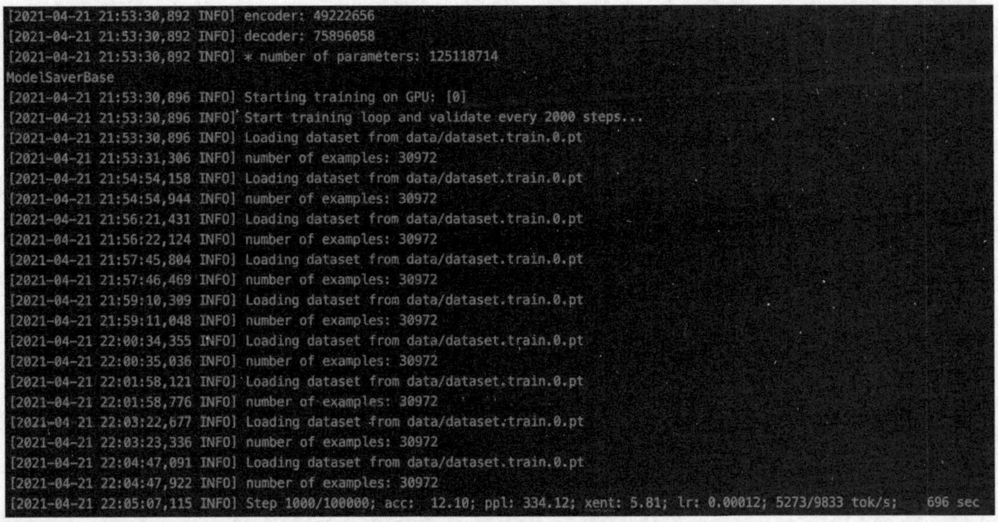

图 9-2　模型训练过程示例

调用翻译文件将上述训练得到的 model 使用测试集进行测试。模型预测文件保存在 pred.txt 下。

python translate.py -model data/data/model.pt -src data/src-test.txt -tgt data/tgt-test.txt -output data/pred.txt -replace_unk -verbose -gpu 3

```
#! /usr/bin/env python
from onmt.bin.translate import main

if __name__ == "__main__":
    main()
```

⑤ 结果评估

将模型对于测试集的翻译结果与测试集原始数据对比进行 BLEU 值的计算。

perl tools/multi-bleu.perl data/tgt-test.txt < data/pred.txt

```
#! /usr/bin/env perl
#
# This file is part of moses.  Its use is licensed under the GNU Lesser General
# Public License version 2.1 or, at your option, any later version.

# $Id $
use warnings;
use strict;
```

```perl
my $lowercase = 0;
if($ARGV[0] eq "-lc") {
    $lowercase = 1;
    shift;
}

my $stem = $ARGV[0];
if(! defined $stem) {
    print STDERR "usage: multi-bleu.pl [-lc] reference < hypothesis\n";
    print STDERR "Reads the references from reference or reference0, reference1, ...\n";
    exit(1);
}

$stem .= ".ref" if ! -e $stem && ! -e $stem."0" && -e $stem.".ref0";

my @REF;
my $ref = 0;
while(-e "$stem$ref") {
    &add_to_ref("$stem$ref", \@REF);
    $ref++;
}
&add_to_ref($stem, \@REF) if -e $stem;
die("ERROR: could not find reference file $stem") unless scalar @REF;

# add additional references explicitly specified on the command line
shift;
foreach my $stem (@ARGV) {
    &add_to_ref($stem, \@REF) if -e $stem;
}


sub add_to_ref {
    my ($file, $REF) = @_;
    my $s = 0;
    if($file =~ /.gz$/) {
```

```perl
    open(REF,"gzip -dc $file|") or die "Can't read $file";
  } else {
    open(REF,$file) or die "Can't read $file";
  }
  while(<REF>){
    chop;
    push @{$$REF[$s++]}, $_;
  }
  close(REF);
}

my(@CORRECT,@TOTAL,$length_translation,$length_reference);
my $s=0;
while(<STDIN>){
    chop;
    $_ = lc if $lowercase;
    my @WORD = split;
    my %REF_NGRAM = ();
    my $length_translation_this_sentence = scalar(@WORD);
    my($closest_diff,$closest_length) = (9999,9999);
    foreach my $reference (@{$REF[$s]}){
#       print "$s $_ <=> $reference\n";
   $reference = lc($reference) if $lowercase;
    my @WORD = split(' ',$reference);
    my $length = scalar(@WORD);
        my $diff = abs($length_translation_this_sentence-$length);
    if($diff < $closest_diff){
        $closest_diff = $diff;
        $closest_length = $length;
        # print STDERR "$s: closest diff ".abs($length_translation_this_sentence-$length)." = abs($length_translation_this_sentence-$length), setting len: $closest_length\n";
    } elsif($diff == $closest_diff){
            $closest_length = $length if $length < $closest_length;
            # from two references with the same closeness to me
            # take the *shorter* into account, not the "first" one.
```

```perl
        }
    for( my $n = 1; $n <= 4; $n ++ ) {
        my % REF_NGRAM_N = ( );
        for( my $start = 0; $start <= $#WORD-( $n-1 ); $start ++ ) {
    my $ngram = " $n";
    for( my $w = 0; $w < $n; $w ++ ) {
        $ngram. = "". $WORD[ $start + $w ] ;
    }
    $REF_NGRAM_N{ $ngram } ++ ;
        }
        foreach my $ngram( keys % REF_NGRAM_N ) {
    if( ! defined( $REF_NGRAM{ $ngram } ) | |
        $REF_NGRAM{ $ngram } < $REF_NGRAM_N{ $ngram } ) {
        $REF_NGRAM{ $ngram } = $REF_NGRAM_N{ $ngram } ;
#       print " $i: REF_NGRAM{ $ngram } = $REF_NGRAM{ $ngram } < BR > \n";
    }
        }
    }
        }
    $length_translation += $length_translation_this_sentence;
    $length_reference += $closest_length;
    for( my $n = 1; $n <= 4; $n ++ ) {
my % T_NGRAM = ( );
for( my $start = 0; $start <= $#WORD-( $n-1 ); $start ++ ) {
    my $ngram = " $n";
    for( my $w = 0; $w < $n; $w ++ ) {
$ngram. = "". $WORD[ $start + $w ] ;
    }
    $T_NGRAM{ $ngram } ++ ;
}
foreach my $ngram( keys % T_NGRAM ) {
    $ngram = ~ /^( \d + )/;
    my $n = $1;
        # my $corr = 0;
#    print " $i e $ngram $T_NGRAM{ $ngram } < BR > \n";
```

```perl
            $TOTAL[$n]+=$T_NGRAM{$ngram};
            if(defined($REF_NGRAM{$ngram})){
            if($REF_NGRAM{$ngram}>=$T_NGRAM{$ngram}){
                $CORRECT[$n]+=$T_NGRAM{$ngram};
                    #   $corr=$T_NGRAM{$ngram};
#       print " $i e correct1  $T_NGRAM{$ngram}<BR>\n";
            }
        else {
                $CORRECT[$n]+=$REF_NGRAM{$ngram};
                    #   $corr=$REF_NGRAM{$ngram};
#       print " $i e correct2  $REF_NGRAM{$ngram}<BR>\n";
            }
            }
                # $REF_NGRAM{$ngram}=0 if ! defined $REF_NGRAM{$ngram};
                # print STDERR " $ngram：{$s, $REF_NGRAM{$ngram}, $T_NGRAM{$ngram}, $corr}\n"
            }
        }
        $s++;
}
my $brevity_penalty=1;
my $bleu=0;

my @bleu=();

for(my $n=1;$n<=4;$n++){
    if(defined($TOTAL[$n])){
    $bleu[$n] = ($TOTAL[$n])? $CORRECT[$n]/$TOTAL[$n]:0;
    # print STDERR "CORRECT[$n]:$CORRECT[$n]  TOTAL[$n]:$TOTAL[$n]\n";
    }else{
    $bleu[$n]=0;
    }
}
```

```
if($length_reference ==0){
    printf "BLEU =0, 0/0/0/0(BP =0, ratio =0, hyp_len =0, ref_len =0)\n";
    exit(1);
}

if($length_translation < $length_reference){
    $brevity_penalty = exp(1-$length_reference/$length_translation);
}
 $bleu = $brevity_penalty * exp((my_log($bleu[1]) +
            my_log($bleu[2]) +
            my_log($bleu[3]) +
            my_log($bleu[4]))/4);
printf "BLEU =%.2f, %.1f/%.1f/%.1f/%.1f(BP =%.3f, ratio =%.3f, hyp_len =%d, ref_len =%d)\n",
    100 * $bleu,
    100 * $bleu[1],
    100 * $bleu[2],
    100 * $bleu[3],
    100 * $bleu[4],
    $brevity_penalty,
    $length_translation / $length_reference,
    $length_translation,
    $length_reference;

sub my_log {
    return -9999999999 unless $_[0];
    return log($_[0]);
}
```

```
PRED AVG SCORE: -0.6139, PRED PPL: 1.8476
GOLD AVG SCORE: -5.8529, GOLD PPL: 348.2350
BLEU = 10.11, 39.2/15.6/9.4/6.7 (BP=0.721, ratio=0.753, hyp_len=46905, ref_len=62266)
```

图 9-3　BLEU 指标计算结果示例

图 9-3 为 BIEU 指标计算结果示例。

(2) 典籍的古白机器翻译实现

① Python 环境准备

打开 windows 命令提示符,输入:

```
pip installOpenNMT-py
```

等待该第三方模块安装完毕。

将路径切换至 OpenNMT 所在路径,输入:

```
python setup.py install
```

等待该模型安装载入完毕。

② 语料准备

此处源语言为文言文,目标语言为白话文,需要构建一定规模的源语言和目标语言数据集。共需准备六个文档,分别为训练集源语言文档 train_src.txt 和目标语言文档 train_tgt.txt,测试集源语言文档 test_src.txt 和目标语言文档 test_tgt.txt,以及验证集源语言文档 val_src.txt 和目标语言文档 val_tgt.txt。为了更直观地解释语料格式,将训练集的部分展示如下。

train_src.txt 格式如图 9-4。

```
1    飞怒,令左右牵去斫头,颜色不变,曰:
2    晋侯使郤乞告瑕吕饴甥,且召之。
3    四人相谓曰:"郁成王汉国所毒,令生将去,卒失大事。"
4    命大师陈诗以观民风,命市纳贾以观民之所好恶,志淫好辟。
5    燕、赵、韩、魏闻之,皆朝于齐。
6    璋遣刘璝、冷苞、张任、邓贤等拒先主于涪,皆破败,退保绵竹。
7    盎酒涗于清,汁献涗于盎酒。
8    是疵为赵计矣,使君疑二主之心,而解于攻赵也。
9    昔金天氏有裔子曰昧,为玄冥师,生允格、台骀。
10   威王六年,周显王致文武胙於秦惠王。
```

图 9-4　训练语料格式示例

与其对应的 train_tgt.txt 格式如图 9-5:

```
1    张飞大怒,命令身旁的士卒将严颜拉出去砍头。严颜面不改色,说道:
2    晋惠派遣郤乞告诉瑕吕饴甥,同时召他前来。
3    四个骑兵互相商议说:"郁成王是汉朝所恨的人,如今若是活着送去,突然发生意外就是大事。
4    命令各诸侯国的太师一一演唱当地的民歌民谣,从而了解民风习俗。命令管理市场的官员呈交物价统计表,从而了解百姓喜欢什么物品,讨厌什么物品。
5    燕、赵、韩、魏四国听到这件事,都来齐国朝见。
6    刘璋派刘王贵、冷苞、张任、邓贤等人在涪县抗击先祖,全都被先主攻破,他们就退回到绵竹防守。
7    对于盎齐以下三齐,因其较清,不用过滤,只需用清酒冲淡一下就行了,至于郁色,用盎齐来冲淡。
8    可是疵在为赵国谋划,以便使贤君怀疑韩、魏两国,进而瓦解三国攻赵的盟约。
9    过去金天氏有个叫昧的后裔,做水官长,生了允格、台骀。
10   威王六年,周显王把祭祀文王、武王的福肉送给秦惠王。
```

图 9-5　目标语言文档格式示例

值得注意的是,源语言和目标语言句子每一行是一一对应的。因为 OpenNMT 首先对词语进行处理,需要对语料进行分词,此处分词直接以字符为单位,让 OpenNMT 自行寻找各个字之间的关系。在训练中,也可以采用自己的分词方法对语料进行分词。

③ **设置配置文档**

以 yaml 为后缀的文档为配置文档,需要在其中配置数据存储路径等相关信息。gu_bai.yaml 配置文档如下:

```yaml
# gu_bai.yaml

# ## build_vocab.py

# #样本存储路径
save_data: gu_bai/run/example
# #词表存储路径
src_vocab: gu_bai/run/example.vocab.src
tgt_vocab: gu_bai/run/example.vocab.tgt
# 是否覆盖文件夹中的现有文件
overwrite: False

# 语料选项
data:
    corpus_1:
        path_src: gu-bai/train_src.txt
        path_tgt: gu_bai/train_tgt.txt
    valid:
        path_src: gu_bai/val_src.txt
        path_tgt: gu_bai/val_tgt.txt

# ## train.py

# 刚刚创建的词表文件
src_vocab: gu_bai/run/example.vocab.src
tgt_vocab: gu_bai/run/example.vocab.tgt

# 在单个 GPU 上训练
word_size: 1
gpu_ranks: [0]
```

```
# 保存点存储路径
save_model: gu_bai/run/model
save_checkpoint_steps: 500
train_steps: 1000
valid_steps: 500
```

其中词表、语料的命名可以不同,只要路径和配置中路径对应即可。若在多个 GPU 上训练,可以在 word_size 处更改 GPU 个数,在 gpu_ranks 处设置 GPU 编号。

④ **程序运行**

将路径切换至 OpenNMT 所在路径,首先生成词表,输入:

```
python build_vocab.py -config gu_bai.yaml -n_sample 10000
```

等待词表生成。其中 config 为配置文档的路径,n_sample 为训练数据的句子个数。

词表生成后,即可开始模型的训练,输入:

```
pythontrain.py -config gu_bai.yaml
```

等待模型训练完成。在这一过程中,可以在设置的路径中查看定时保存的模型。

模型训练完成后,对测试集进行翻译,输入:

```
python translate.py -model gu_bai/run/model_step_1000.pt -src gu_bai/test_src.txt -output gu_bai/pred_1000.txt
```

等待翻译完成。其中 model 为选择进行翻译的模型,此处选择的是第 1000 步时保存的模型,可以选择任意模型进行翻译,根据语料规模的不同,相对效果也不同,在训练时可以自行尝试选择最优模型。src 为源语言测试集的路径,即待翻译文档存放在哪里。output 为模型预测存放的路径,即模型给出的翻译存放在哪里。

采用 BLEU 值进行效果评估,输入:

```
perl tools/multi-bleu.perl gu_bai/test_tgt.txt gu_bai/pred_1000.txt
```

等待评估完毕。其中前一个参数为参考翻译存放的路径,后一个为机器翻译存放的路径。

⑤ **代码解析**

本例中使用的代码来自 OpenNMT-py 的开源代码。

a). build_vocab.py 用于生成词表

首先读入构建词表相关的参数设置,接着根据输入的参数和语料词频构建词语表。

```python
#!/usr/bin/env python
"""Get vocabulary coutings from transformed corpora samples."""
from onmt.utils.parse import ArgumentParser
from onmt.opts import dynamic_prepare_opts
from onmt.inputters.corpus import build_vocab
from onmt.transforms import make_transforms, get_transforms_cls


def build_vocab_main(opts):
    """Apply transforms to samples of specified data and build vocab from it.

    Transforms that need vocab will be disabled in this.
    Built vocab is saved in plain text format as following and can be passed as
    '-src_vocab'(and '-tgt_vocab') when training:
    '''
    <tok_0>\t<count_0>
    <tok_1>\t<count_1>
    '''
    """

    ArgumentParser.validate_prepare_opts(opts, build_vocab_only=True)
    assert opts.n_sample == -1 or opts.n_sample > 1, \
        f"Illegal argument n_sample={opts.n_sample}."

    logger = init_logger()
    set_random_seed(opts.seed, False)
    transforms_cls = get_transforms_cls(opts._all_transform)
    fields = None

    transforms = make_transforms(opts, transforms_cls, fields)

    logger.info(f"Counter vocab from {opts.n_sample} samples.")
    src_counter, tgt_counter = build_vocab(
        opts, transforms, n_sample=opts.n_sample)

    logger.info(f"Counters src:{len(src_counter)}")
```

```python
        logger.info(f"Counters tgt:{len(tgt_counter)}")

    def save_counter(counter, save_path):
        check_path(save_path, exist_ok=opts.overwrite, log=logger.warning)
        with open(save_path, "w", encoding="utf8") as fo:
            for tok, count in counter.most_common():
                fo.write(tok + "\t" + str(count) + "\n")

    if opts.share_vocab:
        src_counter += tgt_counter
        tgt_counter = src_counter
        logger.info(f"Counters after share:{len(src_counter)}")
        save_counter(src_counter, opts.src_vocab)
    else:
        save_counter(src_counter, opts.src_vocab)
        save_counter(tgt_counter, opts.tgt_vocab)

def _get_parser():
    parser = ArgumentParser(description='build_vocab.py')
    dynamic_prepare_opts(parser, build_vocab_only=True)
    return parser
if __name__ == '__main__':
    main()
```

b). train.py 用于训练翻译模型

首先读入模型训练相关的参数设置,接着构建 Transform 结构实现。

```python
#!/usr/bin/env python

# Set sharing strategy manually instead of default based on the OS.
torch.multiprocessing.set_sharing_strategy('file_system')

def prepare_fields_transforms(opt):
    """Prepare or dump fields & transforms before training."""
    transforms_cls = get_transforms_cls(opt._all_transform)
    specials = get_specials(opt, transforms_cls)
```

```python
        fields = build_dynamic_fields(
            opt, src_specials = specials['src'], tgt_specials = specials['tgt'])

        # maybe prepare pretrained embeddings, if any
        prepare_pretrained_embeddings(opt, fields)

        if opt.dump_fields:
            save_fields(fields, opt.save_data, overwrite = opt.overwrite)
        if opt.dump_transforms or opt.n_sample != 0:
            transforms = make_transforms(opt, transforms_cls, fields)
        if opt.dump_transforms:
            save_transforms(transforms, opt.save_data, overwrite = opt.overwrite)
        if opt.n_sample != 0:
            logger.warning(
                "'-n_sample' != 0: Training will not be started. "
                f"Stop after saving {opt.n_sample} samples/corpus.")
            save_transformed_sample(opt, transforms, n_sample = opt.n_sample)
            logger.info(
                "Sample saved, please check it before restart training.")
            sys.exit()
        return fields, transforms_cls


def _init_train(opt):
    """Common initilization stuff for all training process."""
    ArgumentParser.validate_prepare_opts(opt)

    if opt.train_from:
        # Load checkpoint if we resume from a previous training.
        checkpoint = load_checkpoint(ckpt_path = opt.train_from)
        fields = load_fields(opt.save_data, checkpoint)
        transforms_cls = get_transforms_cls(opt._all_transform)
        if(hasattr(checkpoint["opt"], '_all_transform') and
                len(opt._all_transform.symmetric_difference(
                    checkpoint["opt"]._all_transform)) != 0):
            _msg = "configured transforms is different from checkpoint:"
            new_transf = opt._all_transform.difference(
```

```
                    checkpoint["opt"]._all_transform)
                old_transf = checkpoint["opt"]._all_transform.difference(
                    opt._all_transform)
                if len(new_transf) != 0:
                    _msg += f" +{new_transf}"
                if len(old_transf) != 0:
                    _msg += f" -{old_transf}."
                logger.warning(_msg)
    else:
        checkpoint = None
        fields, transforms_cls = prepare_fields_transforms(opt)

    # Report src and tgt vocab sizes
    for side in ['src', 'tgt']:
        f = fields[side]
        try:
            f_iter = iter(f)
        except TypeError:
            f_iter = [(side, f)]
        for sn, sf in f_iter:
            if sf.use_vocab:
                logger.info(' * %s vocab size = %d' % (sn, len(sf.vocab)))
    return checkpoint, fields, transforms_cls


def train(opt):
    init_logger(opt.log_file)

    set_random_seed(opt.seed, False)

    checkpoint, fields, transforms_cls = _init_train(opt)
    train_process = partial(
        single_main,
        fields=fields,
        transforms_cls=transforms_cls,
        checkpoint=checkpoint)
```

```
            producers = [ ]
            # This does not work if we merge with the first loop, not sure why

def main( ):
    parser = _get_parser( )

    opt, unknown = parser.parse_known_args( )
    train( opt )

if __name__ == "__main__":
    main( )
```

c）.translate.py 用于翻译文本

同样是读入相关参数设置，接着构建翻译器，划分语料，并进行翻译。

```
def _get_parser( ):
    parser = ArgumentParser( description = 'translate.py' )

    opts.config_opts( parser )
    opts.translate_opts( parser )
    return parser

def main( ):
    parser = _get_parser( )

    opt = parser.parse_args( )
    translate( opt )

if __name__ == "__main__":
    main( )
```

课后习题

请结合本章内容，使用 AI Challenger 2017 中的英中机器文本翻译数据集，构建中英文翻译系统。

参考文献

[1] ASSAEL Y, SOMMERSCHIELD T, SHILLINGFORD B, et al. Restoring and attributing ancient texts using deep neural networks [J]. Nature, 2022, 603(7900): 280-283.

[2] DEVLIN J, CHANG M W, LEE K, et al. Bert: pre-training of deep bidirectional transformers for language understanding [J]. arXiv preprint arXiv: 1810. 04805, 2018.

[3] GARDEZI S J S, AWAIS M, FAYE I, et al. Mammogram classification using deep learning features [C]//2017 IEEE International Conference on Signal and Image Processing Applications (ICSIPA). IEEE, 2017: 485-488.

[4] GUO Z P, YI X Y, SUN M S, et al. Jiuge: a human-machine collaborative Chinese classical poetry generation system [C]//Proceedings of the 57th annual meeting of the Association for Computational Linguistics: system demonstrations, 2019: 25-30.

[5] Guwen-models [EB/OL]. (2022-4-1). https://github.com/Ethan-yt/guwen-models.

[6] HanLP [EB/OL]. (2022-4-1). https://www.hanlp.com/.

[7] HOCHREITER S, SCHMIDHUBER J. Long short-term memory [J]. Neural computation, 1997, 9(8): 1735-1780.

[8] jieba 0.42.1. [EB/OL]. (2022-4-1). https://pypi.org/project/jieba/.

[9] LAFFERTY J D, MCCALLUM A, PEREIRA F C N. Conditional random fields: probabilistic models for segmenting and labeling sequence data [C]//Proceedings of the eighteenth international conference on machine learning, 2001: 282-289..

[10] Max-pooling / Pooling. [EB/OL]. (2022-5-1). https://computersciencewiki.org/index.php/Max-pooling_/_Pooling.

[11] MOSTELLER F, WALLACE D L. Inference and disputed authorship: the federalist [J]. Revue De L'Institut International De Statistique, 1966, 22(1):353.

[12] NLPIR-ICTCLAS 汉语分词系统. [EB/OL]. (2022-4-1). http://ictclas.nlpir.org/.

[13] NLTK (Natural Language Toolkit). [EB/OL]. (2022-5-1). https://www.nltk.org/.

[14] RABINER L, JUANG B. An introduction to hidden Markov models [J]. Ieee assp magazine, 1986, 3(1): 4-16.

[15] Roberta-classical-chinese-base-char. [EB/OL]. (2022-4-1). https://huggingface.co/KoichiYasuoka/roberta-classical-chinese-base-char.

[16] SHA F, PEREIRA F. Shallow parsing with conditional random fields [C]// Proceedings of the 2003 human language technology conference of the north American Chapter of the Association for Computational Linguistics, 2003：213-220.

[17] SikuBERT[EB/OL]. (2022-8-1). https://github.com/SIKU-BERT/code-for-digital-humanities-tutorial

[18] SIMONYAN K, ZISSERMAN A. Very deep convolutional networks for large-scale image recognition[J]. arXiv preprint arXiv:1409.1556, 2014.

[19] 常博林,万晨,李斌,等.基于词和实体标注的古籍数字人文知识库的构建与应用：以《资治通鉴·周秦汉纪》为例[J].图书情报工作,2021,65(22):134-142.

[20] 陈冬灵.浅观汉语词类的划分[J].吉林师范大学学报(人文社会科学版),2011(S1):2.

[21] 陈诗,王东波,黄水清.数字人文下的典籍人称代词指代消解研究[J].情报理论与实践,2021,44(10):165-172.

[22] 陈小荷.现代汉语自动分析[M].北京:北京语言文化大学出版社,2000.

[23] 程宁,李斌,葛四嘉,等.基于BiLSTM-CRF的古汉语自动断句与词法分析一体化研究[J].中文信息学报,2020,34(4):1-9.

[24] 程宁.基于深度学习的古籍文本断句与词法分析一体化处理技术研究[D].南京:南京师范大学,2020.

[25] 崔丹丹,刘秀磊,陈若愚,等.基于Lattice LSTM的古汉语命名实体识别[J].计算机科学,2020,47(S2):18-22.

[26] 邓三鸿,胡昊天,王昊,等.古文自动处理研究现状与新时代发展趋势展望[J].科技情报研究,2021,3(1):1-20.

[27] 杜悦,王东波,江川,等.数字人文下的典籍深度学习实体自动识别模型构建及应用研究[J].图书情报工作,2021,65(03):100-108.

[28] 冯志伟.机器翻译的历史和现状[J].国外自动化,1984(4):36-40+64.

[29] 耿云冬,张逸勤,刘欢,等.面向数字人文的中国古代典籍词性自动标注研究：以SikuBERT预训练模型为例[J].图书馆论坛,2022,42(6):55-63.

[30] 胡昊天,张逸勤,邓三鸿,等.面向数字人文的《四库全书》子部自动分类研究：以SikuBERT和SikuRoBERTa预训练模型为例[J/OL].图书馆论坛:1-16[2022-03-11]. http://kns.cnki.net/kcms/detail/44.1306.G2.20211017.1823.002.html

[31] 胡韧奋,诸雨辰.唐诗题材自动分类研究[J].北京大学学报(自然科学版),2015,51(2):262-268.

[32] 黄伯荣,廖序东.现代汉语(上)[M].北京:高等教育出版社,2006.

[33] 黄建年.农业古籍的计算机断句标点与分词标引研究[D].南京:南京农业大

学,2009.

[34] 黄水清,王东波,何琳.以《汉学引得丛刊》为领域词表的先秦典籍自动分词探讨[J].图书情报工作,2015,59(11):127-133.

[35] 黄水清,周好,彭秋茹,等.引书的自动识别及文献计量学分析[J].情报学报,2021,40(12):1325-1337.

[36] 蒋俊成.古典诗词意境的自动识别[D].北京:北京交通大学,2020.

[37] 李斌,王璐,陈小荷,等.数字人文视域下的古文献文本标注与可视化研究:以《左传》知识库为例[J].大学图书馆学报,2020,38(5):72-80+90.

[38] 李娜.面向方志类古籍的多类型命名实体联合自动识别模型构建[J].图书馆论坛,2021,41(12):113-123.

[39] 李文英,曹斌,曹春水,等.一种基于深度学习的青铜器铭文识别方法[J].自动化学报,2018,44(11):2023-2030.

[40] 李亚超,熊德意,张民.神经机器翻译综述[J].计算机学报,2018,41(12):2734-2755.

[41] 李章超,李忠凯,何琳.《左传》战争事件抽取技术研究[J].图书情报工作,2020,64(7):20-29.

[42] 梁媛,王东波,黄水清.古籍同事异文的自动发掘研究[J].图书情报工作,2021,65(09):97-104.

[43] 刘畅,王东波,胡昊天,等.面向数字人文的融合外部特征的典籍自动分词研究:以SikuBERT预训练模型为例[J].图书馆论坛,2022,42(6):44-54.

[44] 刘欢,刘浏,王东波.数字人文视角下的领域知识图谱自动问答研究[J].科技情报研究,2022,(1):46-59.

[45] 刘江峰,冯钰童,王东波,等.数字人文视域下SikuBERT增强的史籍实体识别[J/OL].图书馆论坛:1-14[2022-03-21].http://kns.cnki.net/kcms/detail/44.1306.G2.20210817.0904.002.html.

[46] 刘浏.汉语词语时代特征的自动获取和应用研究[D].南京:南京师范大学,2014.

[47] 刘源,谭强,沈旭昆.信息处理用现代汉语分词规范及自动分词方法[M].北京:清华大学出版社,1994.

[48] 刘忠宝,党建飞,张志剑.《史记》历史事件自动抽取与事理图谱构建研究[J].图书情报工作,2020,64(11):116-124.

[49] 留金腾,宋彦,夏飞.上古汉语分词及词性标注语料库的构建:以《淮南子》为范例[J].中文信息学报,2013,27(6):6-15+81.

[50] 卢克治.基于中医古籍的知识图谱构建与应用[D].北京:北京交通大学,2020.

[51] 鲁国轩,杨冠灿,宋欣.图情领域数字人文文献识别与分类方法研究[J/OL].情报科学:1-10[2022-03-11].http://kns.cnki.net/kcms/detail/22.1264.G2.20220309.2038.018.html

[52] 吕叔湘,王海棻.《马氏文通》读本[M].上海:上海教育出版社,2005.

[53] 门艺,张重生.基于人工智能的甲骨文识别技术与字形数据库构建[J].中国文字研究,2021(1):9-16.

[54] 欧阳剑.面向数字人文研究的大规模古籍文本可视化分析与挖掘[J].中国图书馆学报,2016,42(2):66-80.

[55] 彭秋茹,王东波,黄水清.面向新时代的人民日报语料中文分词歧义分析[J].情报科学,2021,39(11):103-109.

[56] 秦贺然,刘浏,李斌,等.融入实体特征的典籍自动分类研究[J].数据分析与知识发现,2019,3(9):68-76.

[57] 石民,李斌,陈小荷.基于CRF的先秦汉语分词标注一体化研究[J].中文信息学报,2010,24(2):39-45.

[58] 宋旭雯.汉语文章传统的语言特征和风格特征[D].南京:南京农业大学,2021.

[59] 苏新宁.信息检索理论与技术[M].北京:科学技术文献出版社,2004.

[60] 通用规范汉字表[EB/OL].(2022-8-1).http://www.gov.cn/zwgk/2013-08/19/c.

[61] 王东波,刘畅,朱子赫,等.SikuBERT与SikuRoBERTa:面向数字人文的《四库全书》预训练模型构建及应用研究[J].图书馆论坛,2022,42(6):31-43.

[62] 王东波,高瑞卿,沈思,等.基于深度学习的先秦典籍问句自动分类研究[J].情报学报,2018,37(11):1114-1122.

[63] 王莉军,周越,桂婕,等.基于BiLSTM-CRF的中医文言文文献分词模型研究[J].计算机应用研究,2020,37(11):3359-3362+3367.

[64] 王姗姗,王东波,黄水清,等.多维领域知识下的《诗经》自动分词研究[J].情报学报,2018,37(2):183-193.

[65] 王树西,刘群,白硕.一个人物关系问答的专家系统[J].广西师范大学学报(自然科学版),2003(A01):6.

[66] 王晓玉,李斌.基于CRFs和词典信息的中古汉语自动分词[J].数据分析与知识发现,2017,1(5):62-70.

[67] 王一钒,李博,史话,等.古汉语实体关系联合抽取的标注方法[J].数据分析与知识发现,2021,5(9):63-74.

[68] 魏一.古汉语自动句读与分词研究[D].北京:北京大学,2020.

[69] 奚雪峰,周国栋.面向自然语言处理的深度学习研究[J].自动化学报,2016,42(10):1445-1465.

[70] 熊健,翟紫姹.基于词性标注与分词消歧的中文分词方法[J].广州大学学报(自然科学版),2019,18(5):27-33.

[71] 徐晨飞,叶海影,包平.基于深度学习的方志物产资料实体自动识别模型构建研究[J].数据分析与知识发现,2020,4(8):86-97.

[72] 徐润华,陈小荷.一种利用注疏的《左传》分词新方法[J].中文信息学报,2012,26(2):13-17+45.

[73] 杨海慈,王军.宋代学术师承知识图谱的构建与可视化[J].数据分析与知识发现,2019,3(6):109-116.
[74] 俞敬松,魏一,张永伟,等.基于非参数贝叶斯模型和深度学习的古文分词研究[J].中文信息学报,2020,34(6):1-8.
[75] 袁悦,王东波,黄水清,等.不同词性标记集在典籍实体抽取上的差异性探究[J].数据分析与知识发现,2019,3(3):57-65.
[76] 张琪,江川,纪有书,等.面向多领域先秦典籍的分词词性一体化自动标注模型构建[J].数据分析与知识发现,2021,5(3):2-11.
[77] 张馨怡.基于TextCNN的古典诗词爱国情怀研究[D].上海:上海师范大学,2020.
[78] 张颐康,张恒,刘永革,等.基于跨模态深度度量学习的甲骨文字识别[J].自动化学报,2021,47(4):791-800.
[79] 张云中,孙平.历史文化名人游学足迹知识图谱的构建与可视化[J].图书馆杂志,2021,40(9):81-87+96.
[80] 赵建明,李春晖,姚念民,等.基于文本分类方法识别《史记》的伪作[J].计算机科学,2017,44(S1):112-114.
[81] 周好,王东波,黄水清.古籍引书上下文自动识别研究:以注疏文献为例[J].情报理论与实践,2021,44(9):169-175.
[82] 周莉娜,洪亮,高子阳.唐诗知识图谱的构建及其智能知识服务设计[J].图书情报工作,2019,63(2):24-33.
[83] 朱德熙.语法讲义[M].北京:商务印书馆,1982.